淀粉加工与检测技术探究

陈雪涛 著

中国商业出版社

图书在版编目（CIP）数据

淀粉加工与检测技术探究 / 陈雪涛著. -- 北京 : 中国商业出版社, 2024. 7. -- ISBN 978-7-5208-3011-9

I. TS234

中国国家版本馆 CIP 数据核字第 2024AS5006号

责任编辑：管明林

中国商业出版社出版发行

（www. zgsycb. com　100053 北京广安门内报国寺 1 号）

总编室：010-63180647　编辑室：010-83114579

发行部：010-83120835/8286

新华书店经销

优彩嘉艺(北京)数字科技有限公司印刷

*

787 毫米×1092 毫米　16 开　10. 5 印张　221 千字

2024 年 7 月第 1 版　2024 年 7 月第 1 次印刷

定价：59. 00 元

* * * *

（如有印装质量问题可更换）

前　言

淀粉作为重要的可再生工业原料，越来越受到各国的广泛重视。应用最新高科技手段，研究开发以淀粉为原料的各类工业产品及人们生活用品，逐步扩大对淀粉这种可再生资源的利用途径，已取得了显著的成就。

1978 年以来，我国经济快速发展，各类需求不断增加，对淀粉的极大需求推动了淀粉工业的发展，特别是国外先进设备和技术的引进及对主要设备的消化吸收，使我国的淀粉工业取得了很大进步。与此同时，有关淀粉工业的基础研究、新产品开发、新设备研制都得到发展，今后我国淀粉工业必将以此为基础，加快技术创新，实行科学管理，优化产业结构，提升企业整体水平，朝规模化、高效益方向发展。

淀粉工业的进一步发展，必须有一大批懂技术的一线工人和技术人员作为基础，他们的知识水平现状决定着中国淀粉工业的未来，每个企业都应该培养一大批具有丰富的理论知识和实践经验的技术工人队伍，这是在市场经济中提高竞争力的需要，这是我国加入 WTO 后淀粉工业的需要。为了推动我国淀粉工业的整体进步，为了满足企业对系统的淀粉工业知识的要求，作者撰写了本书。

本书共分为七章，第一章阐述了淀粉加工的理论，第二章阐述了淀粉的基本特性，第三章阐述了淀粉的加工原理与方法，第四章阐述了改性淀粉的应用，第五章阐述了淀粉的检测与表征技术，第六章阐述了淀粉基材料的开发与应用前景，第七章阐述了淀粉加工过程中的质量控制。本书可作为淀粉企业及以淀粉为原料的其他工业中，技术人员、管理人员或生产工人的培训用书，企业领导者制定新产品开发决策的参考资料，也可作为粮食工程、食品工程、饲料工程、发酵工程及农产品加工等专业师生的参考书。

本书在写作过程中参考了众多专家学者的研究成果，在此表示诚挚的感谢。由于时间和精力的限制，本书的内容可能会存在一定疏漏，恳请广大读者批评指正。

作　者
2024 年 5 月

目　录

第一章　绪　论

淀粉，这种在自然界中广泛存在的多糖类物质，不仅是植物体内储存能量的主要形式之一，同时也扮演着人类和许多动物重要的食物来源的角色。从古至今，淀粉就一直在人类生活中扮演着至关重要的角色。它不仅是人们日常生活中所食用食物的重要组成部分，而且在工业生产、医药、化工、纺织、造纸等领域发挥着重要作用，对国民经济的发展有着深远的影响。

第一节　淀粉的重要性与应用

在食品工业中淀粉有着广泛的应用。淀粉是食品加工中最常用的原料之一，它可以作为主要原料用于制作各种食品，如面包、馒头、面条等主食。不仅如此，淀粉还被广泛用作食品的添加剂，以改善食品的口感、质地和稳定性。例如，在制作调味品和酱料时，淀粉可以起到增稠、稳定等作用，使得产品口感更佳、质地更为细腻。此外，淀粉还是许多甜品和糖果的主要原料之一，如布丁、果冻、软糖等，它们的口感和质地往往与淀粉的选择和使用密切相关。

在医药领域淀粉也有着广泛的应用。在制药过程中，淀粉常常被用作药品的辅料，如作为药片的填充剂、崩解剂、黏合剂等。淀粉的这些特性使得药片制备过程更为顺利，并且有助于药物在体内的释放和吸收。此外，一些特殊的淀粉衍生物，如羟丙基淀粉、羧甲基淀粉钠等，在制备血浆代用品方面也有着重要的应用价值。这些淀粉衍生物可以模拟血浆的功能，帮助治疗伤病。

在化工领域淀粉是制备多种化学品的重要原料之一。例如，通过淀粉的酶解和发酵，可以生产出乙醇、丁醇、丙酮、乳酸等重要化工产品。这些产品广泛应用于化工工业中，如作为溶剂、原料等。此外，改性淀粉还可用于制备水处理剂、油田化学品、造纸化学品等，对环境保护和资源利用起到了积极的促进作用。淀粉基高分子材料因具有良好的生物相容性和生物降解性而备受关注，在生物医用材料领域有着广阔的应用前景。这些生物可降解的材料可以避免对环境造成污染，并且可以减少对有限资源的依赖，是未来可持续发展的重要方向之一。

在纺织工业和造纸工业中淀粉也扮演着重要的角色。在纺织工业中淀粉常用作织物整理和印染的重要上浆剂，能够提高织物的光泽度和柔软度，并且有助于织物的抗皱性和耐磨性。在造纸工业中淀粉是制备施胶剂的常用原料，可以提高纸张的强度和光泽度，改善印刷效果和书写性能。此外，在石油钻探领域淀粉及其衍生物被用作钻井液的添加剂，可以提高钻井液的黏稠度和稳定性，保护井壁并促进钻头的顺利运行。

在食品工业中，随着人们对健康饮食的重视和消费者口味的不断升级，淀粉的应用也在不断创新和拓展。例如，在无麸质食品领域淀粉的应用得到了越来越多的关注。传统的小麦淀粉可以被一些代替性的无麸质淀粉取代，用于制作无麸质面包、饼干等产品，以满足特殊人群的需求。此外，随着人们生活水平的提高，对高营养、低卡路里的食品需求也在增加，淀粉的改性技术可以使其具备更多的功能性，比如调节血糖、降低胆固醇等，从而满足不同人群的健康需求。

在医药领域，随着生物技术和医疗技术的不断发展，淀粉作为一种天然、安全、可降解的材料，受到了越来越多的关注。淀粉基生物医用材料因具有良好的生物相容性和可降解性，被广泛应用于组织工程、药物缓释、医用敷料等方面。例如，淀粉基支架可以用于修复骨折和软组织损伤，促进组织再生和愈合；淀粉基纳米载体可以用于药物的靶向输送和控释，提高药物的疗效和减少副作用；淀粉基医用敷料可以用于伤口的愈合和修复，具有良好的止血和吸收性能。未来，随着人们对生命质量和健康的追求，淀粉基生物医用材料将会有更广阔的应用前景和市场空间。

在化工领域，随着环境污染和资源短缺问题的日益突出，生物可降解材料的研究和应用受到了越来越多的关注。淀粉作为一种天然的生物可降解材料，具有良好的生物相容性和可降解性，被广泛应用于环境保护和资源利用方面。例如，淀粉基生物降解材料可以用于替代传统的塑料制品，减少对石油等化石资源的依赖，降低对环境的污染。此外，淀粉基生物降解材料还可以用于土壤修复、水质净化等方面，对于改善生态环境和促进可持续发展具有重要的意义和价值。

在纺织工业和造纸工业中，随着人们对环境友好型产品的需求不断增加，淀粉作为一种天然的可再生资源受到了越来越多的关注。传统的化学上浆剂和施胶剂往往含有大量的化学添加剂和污染物，对环境和人体健康造成不良影响。淀粉基的纺织整理剂和造纸施胶剂具有良好的生物相容性和生物降解性，可以有效减少对环境的污染，保护生态环境和人类健康。未来，随着人们对绿色、环保产品的需求不断增加，淀粉基纺织整理剂和造纸施胶剂将会有更广阔的市场空间和发展前景。

综上所述，淀粉作为一种重要的天然资源，在各个领域都有着广泛的应用和巨大的发展潜力。未来，随着科学技术的不断进步和人们对生活品质的追求，淀粉产业将会迎来更加广阔的发展空间，为推动经济增长和改善人民生活水平发挥着重要作用。因此，深入研究淀粉的加工与检测技术，不仅具有重要的理论意义，还具有重要的实践价值。只有不断提高淀粉加工技术水平，推动淀粉产品的创新和应用，才能更好地满足人们日益增长的物质文化需求，促进淀粉产业的可持续发展。

第二节　淀粉加工与检测技术的发展历程

淀粉是自然界中广泛存在的一类多糖，主要来源于植物体内的储能器官，如种子、块茎、块根等。淀粉不仅是人类和许多动物赖以生存的主要食物来源，也是工业生产中的重要原料。然而，天然淀粉的物理化学性质往往难以满足现代工业的需求，因此，人们通过物理、化学、生物等多种技术手段对淀粉进行加工和改性，以调控其功能特性，拓宽其应用领域。与此同时，各种新型淀粉检测技术不断涌现，极大地推动了淀粉科学的发展。本节拟对淀粉加工与检测技术的发展历程进行系统回顾，以期为我国淀粉产业的创新发展提供有益启示。

淀粉的加工和利用历史悠久，最早可追溯到新石器时代。古人很早就掌握了从小麦、水稻等作物中提取淀粉的方法，并将其制成面食。随着社会的进步和科技的发展，人们对淀粉的认识不断深入，淀粉加工和检测技术也在不断发展。

一、淀粉加工技术的发展历程

在 19 世纪中叶，人们开始系统研究淀粉的化学组成和结构。1811 年，法国化学家柯尔杜内克首次分离得到葡萄糖，揭示了淀粉是由葡萄糖残基组成的多糖。这一发现为后来淀粉的研究和利用奠定了重要基础。随着时间的推移，人们通过化学和酶解方法进一步深入研究了淀粉的组成和结构，证实了淀粉是由直链淀粉和支链淀粉两种成分构成。这一发现为淀粉的定向改性和应用提供了重要参考。

到了 20 世纪初，物理改性技术开始应用于淀粉加工。1906 年，德国科学家利用机械剪切力制得了可溶性淀粉，这一创举拉开了淀粉物理改性的序幕。随后，热处理、辐射交联等物理改性方法相继问世，极大地丰富了淀粉产品的种类。这些物理改性方法不仅提高了淀粉的溶解性和稳定性，还为淀粉在食品、医药等领域的应用打开了新的可能性。

在 20 世纪 30 年代，淀粉的化学改性技术获得了突破。1933 年，美国科学家首次合成了羟丙基淀粉醚，开创了淀粉醚化改性的先河。此后，淀粉的酯化、交联、接枝等化学改性方法不断涌现，使淀粉的功能性能得到显著提升。

20世纪50年代，淀粉的酶解改性技术开始崭露头角。利用淀粉水解酶将淀粉转化为麦芽糖浆，替代了传统的酸催化水解工艺，生产效率和产品品质大幅提高。此后，多种商业化的淀粉酶制剂被开发出来，用于制备低聚糖、环状糊精等高附加值淀粉产品。

进入21世纪，淀粉加工技术进一步朝绿色化、智能化方向发展。一些新型物理改性技术如超声辅助、微波辅助改性，可以在温和条件下实现淀粉改性，节能环保。基因工程技术在淀粉生物改性中的应用，使得定向改造淀粉结构成为可能。与此同时，淀粉检测技术如色谱、光谱等现代分析手段的引入，极大地推动了淀粉科学的发展。

淀粉的开发利用可追溯到数千年前。远古时期，人类就开始利用淀粉作为食物来源。考古发现，公元前6000年，北非地区就开始种植高粱和小米；公元前5000年，中国、印度等亚洲文明古国也开始种植稻米。这些淀粉类作物的驯化、栽培和食用，标志着人类早期淀粉加工利用的开始。

进入农耕文明时代，淀粉作物种植面积不断扩大，淀粉在食品加工中的应用日益广泛。古代中国先民利用稻米淀粉酿造米酒，用小麦淀粉制作面条、馒头等主食。古罗马人用小麦粉制作面包，古埃及人用乳香树胶和淀粉混合制成纸莎草纸。这一时期，淀粉的提取加工主要采用浸泡、研磨、淘洗、沉淀等简单的物理方法，生产效率低，产品质量难以保证。

中世纪时期，随着商品经济的发展，淀粉作为商品大量进入市场流通。欧洲各国纷纷建立淀粉行会，对淀粉的生产、贸易进行管理。英国食品法规定，面包中掺入马铃薯淀粉属于掺假行为。荷兰商人从东南亚引进木薯，在南美种植，用其淀粉生产乳胶产品。这一时期，马铃薯、木薯等高淀粉作物开始作为粮食作物大规模种植，淀粉产业进入商品化发展阶段。

工业革命以后，淀粉工业得到迅猛发展。19世纪初，英国、法国等欧洲国家相继建立机械化淀粉厂，采用研磨机、离心机、真空干燥机等设备，大幅提高了淀粉的加工效率和产品质量。1811年，德国化学家基希霍夫以淀粉为原料，在硫酸催化下成功制得葡萄糖，拉开了淀粉化学加工的序幕。1844年，德国化学家汉斯首次分离得到磷酸酯化淀粉，开创了淀粉醚化的先河。此后，一系列淀粉衍生物如羧甲基淀粉、羟乙基淀粉、丙酮可溶性淀粉等相继问世，极大地拓宽了淀粉的应用领域。

20世纪以来，淀粉化学得到长足发展。人们先后阐明了淀粉的化学组成、分子结构、理化特性及其构效关系，为淀粉的精准加工与定向改性奠定了科学基础。一系列新型淀粉改性技术不断涌现，如辐射交联、等离子体处理、微波处理等物理改性法，酶解糖化、蛋白质杂交、基因工程等生物改性法。这些技术从分子或纳米尺度入手，在保留淀粉天然结构的基础上，精准调控其理化性质与功能特性，极大地拓宽了淀粉的品种和应用领域。如今，淀粉已成为仅次于纤维素的第二大天然高分子资源，在食品、医药、化工、纺织、能源等领域得到广泛应用。随着绿色化学、生物炼制等新理念的兴起，淀粉产业迎来了新一轮的变革，正朝着资源高值化、过程绿色化、产品功能化的方向迈进。

二、淀粉检测技术的发展历程

淀粉检测技术是指采用物理、化学、生物学等方法，对淀粉及其衍生物的组成、结构、性质进行定性或定量分析的技术。科学、准确地检测淀粉品质是淀粉加工和质量控制的重要环节。因此，淀粉科学与检测技术相伴而生、相互促进，共同推动了淀粉产业的发展。纵观淀粉检测技术的发展历程，大致经历了从定性到定量、从简单到复杂、从经验到科学的发展过程。

早期，淀粉质量的评判主要依靠人的感官，如目测淀粉的色泽、手触其松散程度等，存在很大的主观性。19 世纪中叶，随着分析化学的进步，一些化学分析方法开始应用于淀粉检测中。

20 世纪初，一些仪器分析方法如比色法、电导法、折射法等开始引入淀粉分析领域。这些方法具有快速、灵敏等特点，将淀粉检测推向定量化、自动化的新阶段。例如：澳大利亚化学家 Blish 于 1930 年发明了用比色法测定面筋吸水量的方法，在小麦品质评定中得到广泛应用。Halick 等在 1960 年开发了淀粉碘亲和力的比色检测法，可快速测定直链淀粉含量。随后，傅里叶变换红外光谱（FTIR）、核磁共振（NMR）、X 射线衍射（XRD）等现代光谱技术应运而生，使淀粉分子结构和聚集态结构研究成为可能。如 FTIR 可区分淀粉中的 caracteristic 基团，NMR 可定量分析淀粉的结晶度，XRD 可鉴别淀粉的晶体结构，差示扫描量热（DSC）法可测定淀粉的热力学参数等。这些技术手段极大地丰富了人们对淀粉微观结构的认识，为新型淀粉产品的开发提供了重要的理论指导。

进入 21 世纪，淀粉检测技术呈现数字化、智能化、绿色化的发展趋势。例如，机器视觉、电子鼻等无损检测技术可实现淀粉品质因子的快速识别与在线监测，淀粉谱图库、模式识别等化学计量学方法可实现海量数据的深度挖掘与质量评价，同位素示踪、荧光标记等分子生物学技术有助于揭示淀粉代谢与加工过程的内在机制。另外，随着绿色分析化学理念的兴起，一些绿色、微型化的淀粉检测方法也应运而生。例如，微流控芯片可实现淀粉样品的自动进样与在线分析，固相微萃取可实现淀粉基质中痕量物质的高倍富集，生物传感器可实现淀粉中有害物质的特异性识别与超灵敏检测。这些技术的发展极大地推动了淀粉分析朝着自动化、集成化、绿色化的方向迈进。

纵观淀粉科学的发展历程，淀粉检测技术功不可没。一方面新的检测手段为淀粉科学研究开辟了新的空间，另一方面淀粉科学的进步为新型检测技术的开发提供了迫切需求和广阔舞台。展望未来，随着大数据、人工智能等现代信息技术与淀粉分析检测的深度融合，智慧化、绿色化将成为淀粉检测技术的重要特征。而这些技术变革必将为淀粉科学研究插上腾飞的翅膀，推动淀粉产业在新时代走向更加辉煌的明天。

三、淀粉检测技术的未来

淀粉工业是我国重要的传统产业，在保障粮食安全、促进农民增收、服务国民经济等方面发挥着不可替代的作用。当前，我国正处于工业化、城镇化快速发展时期，淀粉消费需求持续旺盛。与此同时，世界淀粉市场竞争日趋激烈，淀粉产业正面临着前所未有的机遇和挑战。在此背景下，加快推进淀粉产业的供给侧结构性改革，走“科技创新驱动、绿色发展引领”的高质量发展之路，是我国淀粉产业的必然选择。

纵观淀粉加工与检测技术的发展历程，可以得到以下四点启示：

一是坚持创新驱动，加快淀粉加工与检测关键技术的研发与应用。近年来，我国淀粉加工与检测技术虽然取得长足进步，但在生物催化、清洁生产、智能制造等方面与发达国家相比还存在不小差距。因此，必须加大科技投入，建立以企业为主体、产学研用相结合的技术创新体系，着力攻克制约淀粉产业发展的“卡脖子”技术，抢占未来竞争制高点。

二是坚持绿色发展，大力推进淀粉加工过程的减量化、清洁化、资源化。长期以来，我国淀粉工业大多采用高耗水、高污染、高能耗的传统生产方式，资源利用率低，环境负荷重。因此，必须加快发展绿色制造技术，推行清洁生产和循环经济，最大限度地减少资源消耗和污染排放，实现淀粉产业的可持续发展。

三是坚持应用牵引，加快推动淀粉产品的高值化和功能化。当前，国内淀粉消费结构正加速升级，药用、化工用等非食用高端淀粉需求持续旺盛。因此，必须立足市场需求，发挥我国淀粉资源多样性优势，推动“淀粉＋”和“＋淀粉”的跨界融合，开发安全、营养、健康的特色淀粉产品，延伸淀粉产业价值链，提升淀粉产业竞争力。

四是坚持开放合作，积极融入全球淀粉创新网络和产业链。当今时代，科技创新和产业发展已无法闭门造车，必须秉持开放、合作、共赢的理念，争取国际国内“两种资源、两个市场”，在更大范围、更宽领域、更高层次上整合创新资源，参与全球淀粉市场的治理和竞争，在合作共赢中实现自身的跨越发展。

第三节 本书的研究目的与意义

撰写本书的目的是系统总结淀粉加工与检测领域的研究进展，深入分析淀粉加工和检测过程中的关键科学问题，探讨淀粉及其衍生物的应用前景，为相关领域的科研人员和企业提供参考。具体而言，本书的研究意义体现在以下五个方面：

一是有助于加深对淀粉基本特性的认识。淀粉的分子结构、理化性质、功能特性是影响其加工性能和应用性能的关键因素。本书从分子层次对淀粉的结构与性质进行了系统阐述，可以为淀粉的定向改性和功能开发提供理论指导。

二是有助于优化淀粉的加工工艺。淀粉加工是一个复杂的过程，涉及淀粉分子结构的选择性修饰和宏观物性的定向调控。本书重点介绍了淀粉物理、化学、生物改性的基本原理和关键技术，对常见改性淀粉的制备方法进行了详细论述，可以为淀粉加工企业提供有益参考。

三是有助于拓宽淀粉的应用领域。传统的淀粉产品已无法满足日益多样化的市场需求，开发新型淀粉基功能材料是行业发展的必然趋势。本书重点分析了改性淀粉在食品、医药等领域的应用现状与问题，展望了淀粉基生物材料、水凝胶、纳米材料、复合材料的发展前景，可以为淀粉应用研究提供新的思路。

四是有助于提升淀粉产品的质量控制水平。淀粉产品的质量直接关系到下游企业的生产效率和产品性能，建立健全质量控制体系是保证淀粉产业健康发展的关键。本书介绍了淀粉理化性质的主要表征方法，总结了淀粉加工过程的质量控制要点和评价标准，可以为企业建立淀粉检测与质量控制体系提供指导。

五是有助于推动淀粉科学的学科发展。淀粉科学是一门交叉学科，涉及化学、物理、生物、材料、食品等多个领域。本书力求反映淀粉科学的最新研究进展，同时也对一些前沿性、挑战性的科学问题进行了讨论，可以为相关领域的研究人员提供新的研究思路和切入点，为学科的进一步发展提供参考。

本书的研究目的是通过系统总结淀粉加工与检测技术，促进淀粉生产、应用与研究的全面发展，为实现淀粉产业的转型升级贡献智慧和力量。在当前全球性能源和环境危机的大背景下，可再生、可降解的淀粉基材料越来越受到重视，淀粉产业作为21世纪最具发展潜力的绿色产业，面临着难得的发展机遇。因此，加强淀粉加工与检测技术的基础性研究，对于提升我国淀粉产业的核心竞争力，推动经济社会的可持续发展，具有十分重要的战略意义。

第二章　淀粉的基本特性

第一节　淀粉的化学组成与结构

淀粉作为重要的天然高分子聚合物，不仅是人类和许多生物体的主要食物来源和能量供给，也是食品、医药、化工等行业不可或缺的原料。淀粉独特的理化性质和功能特性源于其复杂的化学组成和结构。深入研究淀粉的化学组成与结构，对于理解淀粉在加工和应用中的行为、开发新型淀粉基产品具有重要意义。本节将从分子水平深入剖析淀粉的组成和结构，揭示其与淀粉功能特性的内在联系。

一、淀粉的化学组成

淀粉的基本组成单元是葡萄糖（D-glucose）。通过酶促 α-1，4 和 α-1，6 糖苷键缩合，数百至数千个葡萄糖残基连接成淀粉分子。根据支链结构特点，淀粉主要由直链淀粉（Amylose）和支链淀粉（Amylopectin）两种多糖组成。天然淀粉中，直链淀粉含量一般为 15%～30%，支链淀粉含量为 70%～85%。两种多糖的比例因淀粉植物种属和品种的不同而有所差异，但支链淀粉始终是天然淀粉的主要组分。

（一）直链淀粉

直链淀粉是由数百至数千个 D-吡喃葡萄糖（D-glucopyranose）残基通过 α-1，4 糖苷键连接而成的线性多糖。其聚合度（degree of polymerization，DP）通常为 1000～10000。每个螺旋周期含 6～8 个葡萄糖残基，其中相邻残基的羟基（—OH）通过分子内氢键相互作用，进一步稳定了螺旋结构。

直链淀粉的这种立体构象赋予其一些独特的理化特性，如易与碘分子形成蓝色络合物。这是由于螺旋结构疏水性内腔可容纳碘分子，形成淀粉—碘螺旋包合物（amylose-iodine complex），导致碘的电子跃迁能发生改变，在可见光区产生蓝色吸收峰。这一现象可用于定性和定量分析直链淀粉含量。此外，由于缺乏支链结构的位阻效应，直链淀粉更易形成紧密有序的螺旋堆积，具有更高的结晶趋势。这也是富含直链淀粉的马铃薯、木薯等块茎类淀粉容易老化的主要原因。

（二）支链淀粉（Amylopectin）

支链淀粉是一种高度支化的多糖，除 α-1，4 糖苷键外，还含有 4%～6%的 α-1，6 糖苷键。支链淀粉的分子质量通常为 10^7～10^9 Da，是已知分子质量最大的天然多糖。支链淀粉分子呈现高度分支的树状结构，主要由 A 链、B 链和 C 链三种类型构成。其中，A 链仅通过 α-1，6 糖苷键与 B 链相连；B 链除与 A 链或其他 B 链相连外，自身还携带有 A 链或 B 链；C 链只有一条，含有淀粉分子的还原性末端（reducing end）。

A 链和 B 链的平均聚合度一般为 20～25，链节（chain segment）长度在 18～25 个葡萄糖残基。50%～60%的葡萄糖残基位于 A 链，比例最高。与直链淀粉不同，支链淀粉分子并非完全随机无序支化，相邻的 A 链和 B 链可相互缠绕，形成有序的双螺旋（double helix）结构。双螺旋区由 30～100 个葡萄糖残基组成，螺距约为 2.1 nm，与 DNA 双螺旋结构相似。相邻双螺旋区间由 6～8 个葡萄糖残基组成的无序链段相连。

支链淀粉高度有序的双螺旋结构赋予其独特的理化特性。双螺旋区疏水性强，结晶性好，可形成致密规整的晶体结构。而无序链段则高度亲水，无定形态多，有利于水合溶胀。双螺旋区和无定形区在支链淀粉分子中交替排列，形成结晶-非结晶的复合结构。这种结构的形成不仅提高了淀粉颗粒的密度和强度，而且有利于淀粉的水合溶胀和糊化。此外，支链结构的空间位阻效应也抑制了淀粉分子的重结晶倾向，赋予支链淀粉更好的冷藏稳定性。这些特性是富含支链淀粉的谷类淀粉在食品工业中得到广泛应用的重要原因。

二、淀粉的结构特征

淀粉具有丰富的结构特征，如结晶结构、粒径分布、表面形貌等。这些结构特征不仅与淀粉的生物合成密切相关，也直接影响淀粉的加工性能和应用特性。

（一）淀粉的结晶结构

天然淀粉是一种半结晶聚合物，其结晶度通常为 15%～45%。淀粉的结晶区主要由支链淀粉双螺旋堆积形成，非结晶区则主要由直链淀粉和支链淀粉中无序链段构成。X 射线衍射分析发现，淀粉结晶区存在 A 型、B 型和 C 型三种晶型。其中，A 型淀粉主要存在于谷物淀粉中，如小麦、玉米、米等，晶胞呈现单斜晶系对称；B 型淀粉则多见于块茎淀粉，如马铃薯、木薯等，晶胞呈六方晶系对称；C 型淀粉通常是 A 型和 B 型的混合，主要见于一些豆科和根茎类淀粉中。三种晶型的主要区别是晶胞中水分子的数量和排布方式不同。

此外，还有V型和E型等特殊晶型。V型淀粉是淀粉与脂质、表面活性剂形成的螺旋包合物结晶，主要存在于高直链淀粉中。E型淀粉则是高度支化的支链淀粉在极端条件下形成的一种膨胀晶型。淀粉的结晶结构不仅与其来源密切相关，也直接影响淀粉的吸湿性、溶解性、流变性等。例如：A型淀粉晶型密实，吸湿溶胀性较差；B型淀粉晶型疏松，吸湿溶胀性较好。

（二）淀粉的粒径分布

天然淀粉是以淀粉粒的形式储存于植物体内的。淀粉粒的粒径分布差异很大，亚微米到上百微米。一般认为，淀粉粒径主要取决于淀粉合成相关基因的表达调控和植物体生长环境。例如，马铃薯淀粉粒的平均粒径为30～100 μm，而米淀粉粒的平均粒径为2～8 μm。淀粉粒径分布不仅影响淀粉的提取和精制效率，也直接关系到淀粉的流变性、溶解性、消化性等功能特性。一般而言，小粒径淀粉比表面积大，吸湿溶胀性和酶解性更好，更易糊化和消化吸收。大粒径淀粉则更易沉降分离，有利于提高淀粉的提取率和纯度。此外，不同粒级淀粉在食品工业中也有不同的应用趋向。例如，大粒级淀粉更适合制备高黏度淀粉糊，而小粒级淀粉则更适合制备速溶性、高分散性淀粉产品。

（三）淀粉的表面形貌

淀粉粒的表面形貌呈现出多样化特征，如光滑型、凹坑型、复合型等。扫描电镜研究发现，马铃薯、木薯等块茎淀粉粒表面光滑，而小麦、玉米等谷物淀粉粒表面多呈现不规则的凹坑。淀粉粒表面的这些微观结构差异与其合成过程密切相关。一般认为，光滑型淀粉粒源于质体内连续均匀的淀粉合成；而凹坑型淀粉粒则源于质体内不连续或不均匀的淀粉合成，凹坑对应于合成过程中的间歇期。

淀粉粒表面形貌的差异直接影响其吸附和反应特性。研究发现，具有丰富表面微孔的淀粉粒，其比表面积更大，更有利于酶、化学试剂等的吸附和扩散，从而提高淀粉的酶解效率和化学反应活性。此外，利用淀粉粒的表面微孔可构建纳米级药物载体或吸附剂，在缓控释药物、吸附分离等领域具有广阔应用前景。因此，通过对淀粉粒表面形貌的分析和调控，有望进一步拓展淀粉的应用功能。

（四）淀粉粒的径向结构

除了表面形貌，淀粉粒内部也存在丰富的径向结构。在偏光显微镜下，淀粉粒呈现出有序的马耳他十字消光图案。这表明淀粉粒内淀粉分子排列具有径向取向性，即从粒心到粒周呈现出放射状排列。径向取向的形成与淀粉合成过程中淀粉合酶的作用方式密切相关。

淀粉粒的径向结构也体现在其结晶度分布上。一般而言，淀粉粒心区结晶度较低，无定形区含量较高；而淀粉粒周边区结晶度较高，双螺旋结构比例大。这种结晶度的不均一性与淀粉合成过程中 SS 和 SBE 活性的动态变化有关。在淀粉粒生长初期，SBE 活性相对较高，支化频率大，不利于双螺旋结构形成；而在后期，SS 活性相对较高，支化频率降低，更有利于形成结晶区。因此，淀粉粒径向结构的形成实质上反映了淀粉合成酶活性时空调控的结果。

（五）淀粉的多级结构

综合研究表明，淀粉不是简单的均相高分子，而是具有从纳米到微米多个层次的精细结构。在分子水平，淀粉由直链淀粉和支链淀粉两种多糖组成，含有 α-1，4 和 α-1，6 两种糖苷键。在纳米尺度，淀粉分子进一步组装形成双螺旋、无定形区、结晶层等亚结构。在亚微米尺度，这些纳米亚结构进一步堆积，形成具有径向取向的淀粉粒内部结构。而在微米尺度，则形成了粒径各异、表面多样的淀粉颗粒。正是这种从分子到淀粉粒的多级结构，赋予了淀粉丰富的理化性质。

深入认识淀粉的多级结构及其形成机制，对于精准调控淀粉功能、开发新型淀粉基材料具有重要意义。例如，通过基因工程和代谢工程手段，调控支链淀粉合成关键酶的活性，可定向改变支链淀粉的支化频率和链长分布，进而调节淀粉的结晶度和粒径分布，获得理想的淀

淀粉的结晶结构可以通过 X 射线衍射、固体核磁共振、差示扫描量热等方法表征。研究表明，淀粉的结晶度和结晶类型与其理化性质和功能特性密切相关。例如，A 型淀粉的膨胀力和溶解性较低，而 B 型淀粉的膨胀力和溶解性较高。因此，揭示淀粉的结晶结构与性质的关系，对于指导淀粉的加工和应用具有重要意义。

第二节　淀粉的理化性质

淀粉的理化性质主要包括形态特征、溶解性、吸湿性、黏度特性、热力学性质等，这些性质与淀粉的分子结构和高级结构密切相关，决定了淀粉在加工和应用中的行为特征。

一、形态特征

天然淀粉在植物体内以淀粉粒的形式存在。淀粉粒是一种半结晶的粒状体，粒径为 1～100 μm，形状多样，呈现球形、椭球形、多面体等。淀粉粒的大小和形状主要取决于植物的种属和生长环境。例如：马铃薯淀粉粒较大，粒径为 30～100 μm；而米淀粉粒较小，

粒径为 2～20 μm。

淀粉粒的表面存在一些微孔和缺陷，这些结构可影响酶对淀粉的作用。此外，淀粉粒内部存在生长环，这是由于淀粉合成酶活性的周期性变化导致的。生长环的排列方式和密度与淀粉的结晶度和有序程度有关。一般而言，距离粒心越近的生长环，结晶度越高，有序度越好。

二、溶解性

淀粉在常温下不溶于水，但可以吸收一定量的水分。当淀粉与水混合加热时，随着温度的升高，淀粉粒开始吸水膨胀，体积逐渐增大。当温度达到一定值时，淀粉粒破裂，淀粉分子溶出，形成淀粉糊。这个温度称为糊化温度，是淀粉的一个重要特征温度。不同来源淀粉的糊化温度差异较大，如马铃薯淀粉的糊化温度为 56 ℃～66 ℃，玉米淀粉为 62 ℃～72 ℃，小麦淀粉为 52 ℃～63 ℃。

影响淀粉糊化温度的因素很多，如淀粉的结晶度、粒径大小、直链淀粉与支链淀粉比例等。一般而言，结晶度高、粒径小、直链淀粉含量高的淀粉，糊化温度较高。因为这些因素有利于形成更为紧密的分子间作用力，限制了淀粉粒的膨胀。

三、吸湿性

淀粉具有一定的吸湿性，在相对湿度为50％的环境中，淀粉的平衡含水量为10％～12％。淀粉的吸湿性与其分子结构、结晶度、粒径等因素有关。一般而言，支链淀粉的吸湿性高于直链淀粉，无定形区的吸湿性高于结晶区，粒径小的淀粉比粒径大的淀粉吸湿性更强。

淀粉在吸湿过程中，会导致其结晶结构和热力学性质发生变化。例如，当相对湿度从50％升高到75％时，A 型玉米淀粉的结晶度从 38％下降到 28％，而 B 型马铃薯淀粉的结晶度从 29％下降到 21％。此外，吸湿还会导致淀粉的玻璃化转变温度降低，使其在储存过程中更易发生老化。因此，控制淀粉的吸湿性，对于保证其加工性能和储藏稳定性非常重要。

四、黏度特性

淀粉的黏度特性与其糊化和老化行为密切相关。当淀粉糊液冷却时，淀粉分子会重新排列，形成凝胶网络，黏度逐渐升高。这个过程称为回生，是淀粉老化的重要表现之一。淀粉的回生速率和程度与其分子结构、温度等因素有关。一般而言，直链淀粉比支链淀粉更易发生回生，高浓度比低浓度更易发生回生，低温比高温更易发生回生。

淀粉的黏度特性可以通过旋转黏度计等仪器测定。测定过程中，随着温度的升高，淀粉黏度先升高，达到一个峰值后开始下降，最后达到一个稳定值。峰值黏度反映了淀粉的糊化特性，稳定值黏度反映了淀粉的耐剪切稳定性，两者的差值反映了淀粉在高温高剪切下的稳定性。淀粉糊液冷却后，黏度会出现不同程度的上升，最终达到一个终值黏度。

五、热力学性质

淀粉的热力学性质主要包括比热容、热焓、玻璃化转变温度等。这些性质反映了淀粉在受热过程中的能量变化规律，与淀粉的加工工艺密切相关。比热容反映了淀粉吸收或释放热量的能力，玻璃化转变温度反映了淀粉由玻璃态向高弹态转变的温度。

淀粉的热力学性质可以通过差示扫描量热、调制差示扫描量热等方法测定。研究发现，不同结晶型淀粉的热力学性质存在显著差异。例如，A 型淀粉的熔融焓高于 B 型淀粉，说明前者的结晶区更为致密，分子间作用力更强。此外，直链淀粉与支链淀粉比例、磷酸酯含量、脂肪酸含量等都会对淀粉的热力学性质产生影响。深入理解淀粉的结构与热力学性质的关系，有助于优化淀粉的加工工艺，如干燥、挤压、喷雾造粒等。

淀粉的理化性质主要取决于其分子结构和高级结构。淀粉是由葡萄糖通过 α-1，4 和 α-1，6 糖苷键连接而成的多糖。根据连接方式的不同，淀粉分子可分为直链淀粉和支链淀粉。直链淀粉分子呈线性结构，支链淀粉分子呈现分支结构。天然淀粉中，直链淀粉和支链淀粉的比例因植物种属而异，如马铃薯淀粉中支链淀粉含量较高，玉米淀粉中直链淀粉含量较高。

淀粉分子通过氢键作用形成结晶区和无定形区相间分布的半结晶结构。结晶区呈现规整的双螺旋结构，而无定形区则呈现无序状态。淀粉的结晶度因植物种属和生长环境而异，如马铃薯淀粉的结晶度约为 25%，普通玉米淀粉的结晶度约为 38%。结晶度的高低会影响淀粉的吸湿性、溶解性等性质。此外，淀粉分子还可以形成不同类型的晶体结构，如 A 型、B 型、C 型等。不同类型的晶体在稳定性、溶解性等方面存在差异。例如，C 型淀粉比 A 型和 B 型淀粉的溶解性更好，而 A 型淀粉的热稳定性优于 B 型淀粉。

除了分子结构外，淀粉的高级结构也会影响其理化性质。例如，淀粉粒的大小、形状、表面特征等都与淀粉的结晶度、吸湿性、酶解性等特性有关。一般而言，粒径小、比表面积大的淀粉，其吸湿性和酶解性较强；而粒径大、表面光滑的淀粉，其结晶度较高，热稳定性较好。此外，淀粉粒内部的生长环结构也与淀粉的理化性质密切相关。例如：距离粒心越近的生长环，其结晶度和有序度越高；而距离粒心越远的生长环，其无定形区比例越大，吸湿性和酶解性越强。

总的来说，淀粉的理化性质是其分子结构和高级结构共同作用的结果。通过调控淀粉的结构特征，如直链淀粉与支链淀粉比例、结晶度、粒径大小等，可以调节淀粉的理化性质，从而满足不同的加工和应用要求。例如：通过提高支链淀粉含量和减小粒径，可以提高淀粉的吸湿性和酶解性，有利于糖化和发酵等过程；通过提高直链淀粉含量和结晶度，可以提高淀粉的热稳定性和抗老化性，延长淀粉食品的保质期。

除了糊化特性外，淀粉的老化特性也是影响其加工和应用的重要因素。淀粉老化是指淀粉糊液在冷却过程中，淀粉分子重新排列形成有序结构的过程。老化会导致淀粉凝胶的硬化和收缩，影响食品的质地和储藏稳定性。影响淀粉老化的因素很多，如淀粉的浓度、糊化温度、冷却速度、直链淀粉与支链淀粉比例等。一般而言，高浓度、高糊化温度、快速冷却、直链淀粉含量高的淀粉更易发生老化。因为这些因素有利于淀粉分子的重排和结晶。因此，通过优化加工工艺和调控淀粉结构，可以延缓淀粉的老化，提高食品的储藏稳定性。

除了在食品加工中的应用外，淀粉还广泛用于其他领域，如医药、化工、造纸等。在这些领域中淀粉的理化性质同样起着关键作用。例如：在医药领域淀粉可用于制备缓释药物载体和创面敷料等，这需要淀粉具有良好的生物相容性、可降解性和溶胀性。在化工领域淀粉可用于制备生物降解塑料和高吸水性树脂等，这需要淀粉具有优异的成膜性、热塑性和化学反应性。在造纸领域淀粉可用于提高纸张的强度和尺寸稳定性，这需要淀粉具有良好的成膜性、耐水性和保水性。

总之，淀粉的理化性质与其分子结构和高级结构密切相关，决定了其在加工和应用中的行为特征。通过深入了解淀粉结构与性质的关系，并采用适当的加工工艺，可以充分发挥淀粉的功能特性，扩大其应用范围。未来，随着淀粉化学的不断发展和研究手段的日益完善，人们对淀粉结构与性质的认识将更加深入，淀粉的应用领域也将不断拓宽。这不仅有利于发展淀粉工业，也将为解决资源、环境、健康等问题提供新的思路和方法。

第三节　不同来源淀粉的特性差异

淀粉广泛存在于植物界，主要来源于谷物、块茎、豆类、果实等。不同来源的淀粉，在化学组成、物理结构、理化性质等方面存在显著差异，这些差异与其植物来源和生长环境密切相关。

一、谷物淀粉

谷物是淀粉的主要商业来源，常见的有玉米、小麦、大米、高粱等。谷物淀粉粒一般呈现多面体形，粒径较小，表面光滑。其化学组成以支链淀粉为主，直链淀粉含量一般不超过30%。谷物淀粉多为A型结晶，结晶度相对较高。受蛋白质、脂肪等非淀粉成分的影响，谷物淀粉粒间常形成复合体，这影响了其分散性和溶解性。

与其他淀粉相比，谷物淀粉的糊化温度较高，黏度较低，回生性较强。这主要是其较高的支链淀粉含量和结晶度所致。谷物淀粉的吸湿性相对较弱，但易受脂肪等疏水性物质的影响。此外，谷物淀粉中还含有少量淀粉脂质，其与直链淀粉形成的复合物，会影响淀粉的理化性质和酶解性能。

二、块茎淀粉

块茎淀粉主要来源于马铃薯、木薯、红薯等。与谷物淀粉相比，块茎淀粉粒较大，粒径分布宽，表面常有细小的凹坑。块茎淀粉的化学组成以支链淀粉为主，但直链淀粉含量较谷物淀粉高，一般为20%～30%。此外，块茎淀粉中还含有一定量的磷酸酯基团，其含量因植物种属和生长环境而异。

马铃薯淀粉是最具代表性的块茎淀粉，其具有黏度高、透明度好、凝胶强度高等特点。这主要得益于其独特的支链淀粉结构，马铃薯支链淀粉的短链比例较高，有利于形成稳定的双螺旋结构。马铃薯淀粉的B型结晶赋予了其较高的吸湿性和溶解性。此外，马铃薯淀粉中的磷酸酯基团带有负电荷，对其黏度和凝胶特性也有重要影响。

木薯和红薯淀粉与马铃薯淀粉的性质有一定差异。木薯淀粉的黏度和溶解性低于马铃薯淀粉，这可能与其较低的磷酸酯含量有关。红薯淀粉的黏度介于马铃薯淀粉和木薯淀粉之间，但凝胶强度和稳定性较差，这可能与其独特的支链淀粉结构有关。

三、豆类淀粉

豆类淀粉多聚集在子叶和胚乳中，主要包括豌豆、鹰嘴豆、蚕豆等。豆类淀粉粒多呈现肾形或椭圆形，表面光滑。豆类淀粉以C型结晶为主，结晶度相对较低。

豆类淀粉的糊化温度较高，黏度较低，这可能与其较高的直链淀粉含量和较低的结晶度有关。豆类淀粉的回生性较强，易发生老化，这限制了其在某些领域的应用。此外，豆类淀粉中还含有一定量的蛋白质、脂肪等非淀粉成分，其与淀粉的相互作用，对淀粉的理化性质有重要影响。

总的来说，不同来源淀粉的特性差异，主要取决于其植物来源、生长环境、化学组成、物理结构等因素。这些差异直接影响了淀粉的加工性能和应用领域。因此，系统研究不同淀粉的结构与性质关系，对于淀粉的开发与利用具有重要意义。只有在充分认识并利用这些差异的基础上，才能因地制宜地开发出适合不同应用需求的淀粉产品。

第四节　淀粉的功能特性

淀粉的功能特性是指其在食品和非食品领域发挥特定功能的性质，如增稠、胶凝、成膜、黏结等。这些特性主要源于淀粉的化学组成和物理结构，同时也受加工条件、环境因素等的影响。淀粉的主要功能特性包括以下方面：

一、增稠和胶凝特性

淀粉是常用的增稠剂和胶凝剂，其增稠和胶凝特性主要源于淀粉的糊化和回生行为。当淀粉糊液冷却时，直链淀粉分子会重新排列，形成有序的双螺旋结构，进而构建三维网络，使体系黏度升高，形成凝胶。支链淀粉则主要起增稠作用，其大的分子体积和分支结构，可以显著提高体系的黏度。

影响淀粉增稠和胶凝特性的因素很多，如淀粉浓度、直链淀粉与支链淀粉比例、糊化温度、剪切条件等。一般而言，淀粉浓度越高、直链淀粉含量越高，其凝胶强度就越大。但直链淀粉含量过高，也会导致凝胶不稳定，易发生析水。因此，需要根据应用需求，合理调控淀粉的组成和加工工艺，以获得理想的增稠和胶凝效果。

二、成膜特性

淀粉具有良好的成膜特性，可用于制备食品包装膜、农用地膜等。淀粉在加热和挤压作用下，会发生熔融和塑化，分子间形成新的氢键，最终形成连续的薄膜。淀粉基薄膜具有一定的机械强度和屏障性，但脆性较大，易受水和湿度的影响。

影响淀粉成膜性能的因素主要有淀粉的类型、淀粉与塑化剂的比例、加工工艺等。一般而言，直链淀粉和支链淀粉比例适中的淀粉，成膜性能较好。常用的塑化剂有甘油、山梨糖醇等，其用量通常为淀粉质量的20%～30%。此外，通过添加交联剂、疏水剂等，可以进一步改善淀粉基薄膜的力学性能和耐水性。

三、黏结特性

淀粉是天然的黏合剂，在造纸、纺织等行业有广泛应用。淀粉的黏结特性主要源于其大量的羟基，这些羟基可以与纤维表面形成氢键，起到黏结和包覆的作用。此外，淀粉糊化后形成的三维网络结构，也有助于提高纤维间的结合强度。

影响淀粉黏结性能的因素主要有淀粉的类型、浓度、糊化程度等。与增稠特性类似，直链淀粉与支链淀粉比例适中的淀粉，黏结性能较好。过高的支链淀粉会导致薄弱的黏结强度，而过高的直链淀粉则会导致黏结层脆硬。此外，适度的糊化和交联处理，可以提高淀粉的黏结强度和耐水性。

四、乳化特性

淀粉是一类亲水性多糖，但其分子中也存在疏水基团。这种双亲结构赋予了淀粉一定的乳化特性，可用于制备食品乳化剂。淀粉在乳化体系中的作用机理尚不完全清楚，一般认为其主要通过增稠和形成界面膜来稳定乳滴。

淀粉的乳化特性受其类型、浓度、改性方式等因素的影响。相比于天然淀粉，经过疏水改性的淀粉，如辛烯基琥珀酸淀粉，乳化性能更好。此外，淀粉与表面活性剂、蛋白质等的复配，也可显著改善其乳化特性。但总的来说，淀粉的乳化能力相对较弱，在高油脂体系中的应用受到限制。

五、营养特性

淀粉是人体膳食中的主要碳水化合物来源，但不同类型淀粉的营养特性和生理功能存在差异。根据人体消化吸收的速率，淀粉可分为快消化淀粉（RDS）、缓消化淀粉（SDS）和抗性淀粉（RS）三类。其中，RDS 在小肠上部可被快速消化吸收，SDS 消化吸收相对缓慢，而 RS 则不能被小肠消化，但可被大肠微生物发酵。

淀粉的营养特性主要取决于其结构特征，如结晶类型、直链淀粉与支链淀粉比例、表面结构等。一般而言，A 型淀粉和低直淀粉含量的淀粉，RDS 含量较高，而 B 型淀粉和高直淀粉含量的淀粉，SDS 和 RS 含量较高。此外，淀粉的加工方式也会影响其营养特性，如高温、高压、酶解等处理，可显著提高 RS 的含量。

总之，淀粉的功能特性是其分子结构和聚集状态的宏观体现，受多种因素的影响。深入理解淀粉结构与功能的关系，优化淀粉的加工工艺，对于发挥其应用潜力具有重要意义。同时，对淀粉功能特性的研究，也为开发新型淀粉基功能产品提供了理论基础和技术支持。随着淀粉科学的不断发展，淀粉的功能特性必将得到进一步拓展和应用。

第三章 淀粉的加工原理与方法

第一节 淀粉的提取与分离技术

淀粉的提取和分离是淀粉加工的首要环节，其目的是从植物原料中获得纯度较高的淀粉产品。常见的淀粉提取方法有湿法提取和干法提取两种。湿法提取是以水为介质，通过研磨、过滤、离心等步骤分离淀粉。干法提取是在干燥条件下，通过机械力将淀粉与其他组分分离。相比之下，湿法提取的淀粉纯度和得率较高，因此在工业生产中应用更为广泛。

一、淀粉提取与分离的基本原理

淀粉提取与分离的基本原理是基于淀粉与非淀粉成分在物理、化学性质上的差异，采用适当的方法将它们分离。例如，淀粉颗粒的密度比蛋白质、纤维素等非淀粉成分略大，因此可以通过重力沉降或离心分离的方法，将淀粉颗粒与其他成分分离。又如，淀粉颗粒不溶于冷水，而蛋白质等非淀粉成分可溶于水，因此可以利用这一性质，通过反复洗涤的方式去除淀粉颗粒表面吸附的非淀粉成分。此外，由于淀粉颗粒的化学组成与其他成分不同，可以通过选择性化学试剂（如亚硫酸盐、双氧水等）的作用，破坏或溶解非淀粉成分，而淀粉颗粒基本保持完整，从而达到提纯的目的。

淀粉提取与分离过程中影响分离效果的因素很多，主要包括以下方面：

1. 原料的品质

不同种属、品种的淀粉原料，其淀粉含量、淀粉颗粒的形态特征、非淀粉成分的含量与组成等差异较大，因此对提取与分离的难易程度影响很大。一般来说，淀粉含量高、非淀粉成分含量低的原料，提取与分离较为容易；淀粉含量低、非淀粉成分含量高且种类复杂的原料，提取与分离较为困难。因此，选用优质的淀粉原料是提高淀粉提取率和淀粉品质的重要前提。

2. 预处理方法

淀粉原料在提取与分离之前，通常需要进行去皮、清洗、破碎等预处理，以便于后续的分离操作。预处理的方法和程度对淀粉的提取率和品质有重要影响。例如，去皮可以有效去除表皮对淀粉纯化的干扰；破碎可以增加淀粉颗粒的分散性，有利于淀粉的溶出和分离，而过度的破碎可能导致淀粉颗粒破损，增加淀粉的损失。因此，根据淀粉原料的特性，选择合适的预处理方法，控制预处理的程度，对于淀粉的提取与分离非常重要。

3. 提取与分离工艺

淀粉的提取与分离工艺种类繁多，不同的工艺路线和设备对淀粉的提取率、纯度、得率等指标有不同的影响。例如：湿法工艺一般包括浸泡、磨浆、筛分、洗涤、脱水等步骤，能够获得纯度较高的淀粉，但能耗较高，淀粉损失也较大；干法工艺一般包括干磨、风筛等步骤，流程较为简单，能耗较低，但所得淀粉的纯度相对较低。此外，在分离过程中，选用合适的设备，优化操作参数，也可以显著提高淀粉的分离效率和品质。

4. 分离助剂的使用

在淀粉的提取与分离过程中常需要使用一些分离助剂，如亚硫酸盐、双氧水（H_2O_2）、蛋白酶等，以促进淀粉与非淀粉成分的分离。这些分离助剂通过选择性破坏或溶解非淀粉成分，可以显著提高淀粉的纯度和得率。然而，分离助剂的使用也可能带来一些问题，如残留助剂可能影响淀粉的品质和安全性，因此需要严格控制助剂的用量和残留量，确保淀粉产品的质量和安全。

总的来说，淀粉提取与分离是一个复杂的过程，涉及原料特性、预处理方法、分离工艺、助剂使用等多个因素。合理选择原料，优化预处理和分离工艺，适度使用分离助剂，是获得高品质淀粉产品的关键。随着淀粉加工技术的不断进步，淀粉提取与分离的效率和质量还将进一步提高，为淀粉的高值化利用奠定更加坚实的基础。

二、淀粉提取与分离的常用工艺

淀粉提取与分离工艺主要分为湿法和干法两大类。湿法工艺是指在水介质中，通过浸泡、磨浆、筛分、洗涤、脱水等步骤，将淀粉与非淀粉成分分离。干法工艺是指在干燥状态下，通过干磨、风筛等步骤，将淀粉与非淀粉成分分离。两种工艺各有特点，应根据原料特性、产品要求、生产规模等因素合理选用。本节将重点介绍常用的淀粉提取与分离工艺，如谷物淀粉湿法工艺、马铃薯淀粉湿法工艺、木薯淀粉湿法工艺等，并分析其工艺流程、技术特点和应用范围。

（一）谷物淀粉湿法工艺

谷物是最重要的淀粉原料之一，主要包括玉米、小麦、大米等。谷物淀粉的湿法提取工艺通常包括以下步骤。

(1) 清洗和浸泡。将谷物原料清洗干净，去除杂质和表面微生物，然后浸泡在水中，使谷粒软化，有利于后续的磨浆和淀粉分离。浸泡过程中通常需要加入亚硫酸盐，一方面可以抑制微生物生长，防止淀粉发酵变质；另一方面可以破坏谷粒细胞壁结构，促进淀粉的释放。浸泡的时间和温度因谷物种类而异，如玉米一般浸泡 48～72 h，温度控制在 48 ℃～52 ℃。

(2) 磨浆。将浸泡软化的谷粒磨碎，使淀粉充分释放到水中。磨浆设备主要有溶齿磨、锤片磨、对辊磨等，不同的设备对淀粉颗粒的破碎程度不同，需要根据谷物特性和淀粉品质要求合理选用。磨浆过程中加入适量水，并控制 pH 值在 4.0～6.5，可减少淀粉的损失。磨浆的细度通常控制在 20～24 目，以提高淀粉的提取率。

(3) 筛分。将磨浆后的淀粉乳液通过振动筛、旋流器等设备进行筛分，除去谷皮、胚芽、蛋白质等非淀粉成分，得到较为纯净的淀粉乳。筛分设备的选择和筛网目数的大小，对淀粉的得率和纯度有重要影响。筛上物主要是淀粉，筛下物主要是蛋白质、纤维素等非淀粉成分。为了进一步提高淀粉的纯度，筛下物可以再次磨浆和筛分，回收淀粉。

(4) 多级洗涤。为了进一步去除淀粉表面吸附的蛋白质等杂质，需要对筛分后的淀粉乳进行多级洗涤。洗涤的次数和水量根据淀粉的用途和品质要求而定，一般 3～6 次。洗涤过程中，淀粉乳的浓度逐渐增大，有利于后续的脱水和干燥。洗涤水中含有少量的淀粉、蛋白质等营养物质，可以作为饲料或肥料利用。

(5) 脱水和干燥。洗涤后的淀粉乳需要经过脱水和干燥，得到淀粉成品。脱水后的湿淀粉需要进一步干燥，使含水率降到 12%～14%，既可保证淀粉的储藏品质，又可方便运输和加工。干燥设备主要有闪蒸干燥机、气流干燥机、带式干燥机等，不同的设备对淀粉的色泽、粒度等品质指标影响不同。

谷物淀粉湿法工艺的主要优点是淀粉提取率高、纯度好，产品品质稳定。尤其是玉米淀粉，其淀粉含量高，粒径大，易于分离，因此是最主要的淀粉工业原料。小麦淀粉也是重要的淀粉来源，但其粒径小，蛋白质含量高，分离较为困难，因此提取率和纯度相对较低。大米淀粉虽然品质优异，但淀粉含量低，提取成本高，因此产量相对较少。总的来说，谷物淀粉的湿法提取工艺已经十分成熟，但在减少水耗、提高分离效率、降低能耗等方面，仍有进一步优化的空间。

(二) 马铃薯淀粉湿法工艺

马铃薯也是重要的淀粉原料之一，其淀粉品质优异，广泛应用于食品工业。马铃薯淀粉的湿法提取工艺与谷物淀粉有所不同，主要包括以下步骤。

(1) 清洗和去皮。将马铃薯块茎清洗干净，去除泥沙和杂质，然后采用机械或化学方法去除表皮。常用的去皮方法有碱法、酶法和磨削法等，不同的方法对淀粉得率和品质的影响不同。去皮的目的是减少表皮对淀粉纯化的干扰，提高淀粉的得率和质量。

（2）破碎和磨浆。将去皮后的马铃薯采用专用设备（如瑞士滚筒磨浆机）进行破碎和磨浆，使淀粉充分从细胞中释放出来。与谷物淀粉相比，马铃薯细胞壁较薄，淀粉颗粒较大，磨浆相对容易。磨浆过程中加入适量水，既可稀释淀粉乳，又可防止淀粉变色。磨浆的细度通常要求达到 200 目以上，以提高淀粉的提取率。

（3）精制和漂白。磨浆后的淀粉乳含有一定量的蛋白质、纤维素等杂质，需要进行精制和漂白处理。常用的精制方法有离心分离、旋流分离、刮刀卸料离心机分离等，通过密度差异将淀粉与杂质分离。为了进一步提高淀粉的亮度和纯度，通常采用亚硫酸盐、双氧水等漂白剂进行化学漂白，使淀粉呈现洁白色泽。漂白过程需要严格控制药剂的用量和反应条件，避免淀粉降解和变质。

（4）洗涤和脱水。精制和漂白后的淀粉乳需要进行多次洗涤，进一步去除杂质和漂白剂。洗涤过程可采用多级筛分或旋流分离等方法，循环利用洗涤水，减少水资源消耗。洗涤后的淀粉乳经过真空过滤机、离心机等设备脱水，得到含水率 35%～45%的湿淀粉。

（5）干燥。湿淀粉需要进一步干燥，既可延长储藏时间，又可满足运输和加工的需求。常用的干燥设备有气流干燥机、喷雾干燥机、带式干燥机、闪蒸干燥机等，干燥温度一般控制在 60 ℃～80 ℃，干燥后的淀粉含水率降到 13%～15%。干燥过程中要防止淀粉结块和变色，影响产品品质。

马铃薯淀粉湿法工艺的主要优点是淀粉纯度高，黏度大，透明度好，广泛应用于粉丝、透明糖果、啫喱等食品中。与谷物淀粉相比，马铃薯淀粉的磷脂含量更高，有利于提高食品的结构和质地。但是，马铃薯淀粉的提取率相对较低，仅为 15%～20%，且对磨浆设备和工艺参数的要求较高，因此生产成本相对较高。此外，马铃薯淀粉容易老化，热稳定性较差，在食品加工中需要进行适当的改性。随着马铃薯淀粉加工技术的不断进步，淀粉的品质和功能特性将进一步提升，应用领域也将不断拓宽。

（三）木薯淀粉湿法工艺

木薯是热带地区重要的淀粉原料，其淀粉具有凝胶强度高、黏度稳定、耐酸碱等特点，广泛应用于食品、纺织、造纸等行业。木薯淀粉的湿法提取工艺与谷物淀粉和马铃薯淀粉有所不同，主要包括以下步骤。

（1）清洗和削皮。将新鲜的木薯块根清洗干净，去除泥沙和杂质，然后采用人工或机械方法去除表皮。木薯的表皮含有氰苷等有害物质，必须彻底去除，以保证淀粉的品质和安全性。削皮率一般要求达到 95%以上。削下的木薯皮可以用于生产饲料或提取氰苷。

（2）磨浆。将削皮后的木薯采用专用设备（如木薯磨浆机）进行磨浆，使淀粉从细胞中释放出来。与谷物和马铃薯相比，木薯的细胞壁较厚，纤维素含量高，磨浆相对困难，需要较大的机械力。磨浆过程中通常不加水，保持木薯的原汁原味。磨浆的细度要求达到200目以上，以提高淀粉的提取率。

(3) 提取和筛洗。将磨浆后的木薯浆液通过旋流器、振动筛等设备进行淀粉提取和筛洗。木薯淀粉乳的浓度相对较低，需要多级提取和筛洗，循环利用淀粉乳，减少淀粉损失。筛洗过程中不断加水，使淀粉充分分散，同时去除纤维素等杂质。筛上物主要是淀粉和细胞碎片，需要再次返回磨浆；筛下物主要是淀粉乳，进入下一步脱水工序。

(4) 脱水。筛洗后的淀粉乳需要经过脱水，提高淀粉的浓度。常用的脱水设备有离心机、真空过滤机等，脱水后的淀粉含水率降到40％左右。脱水过程要控制好转速和时间，避免淀粉受到剪切力的破坏。脱水后的淀粉渣含有少量淀粉，可以回收利用。

(5) 干燥。脱水后的湿淀粉需要经过干燥，进一步去除水分，延长储藏时间。常用的干燥设备有气流干燥机、闪蒸干燥机等，干燥温度控制在60 ℃～80 ℃，干燥时间为4～8 h，直至淀粉含水率降到13％以下。干燥过程要注意防止淀粉变色和结块，影响产品品质。干燥后的淀粉需要过筛分级，去除块状物，得到均匀的淀粉粉末。

木薯淀粉湿法工艺的主要优点是原料来源广泛，淀粉品质优异，提取率高，达到25％～30％。木薯淀粉的黏度稳定，凝胶强度高，耐酸碱性好，在食品工业中应用十分广泛，如生产粉丝、凉粉、胶囊等。同时，木薯淀粉价格相对较低，经济效益好。但是，木薯含有氰苷等有毒物质，在加工过程中必须彻底去除，否则会危害消费者健康。此外，木薯淀粉的磨浆和脱水相对困难，设备投资大，能耗高，增加了生产成本。未来，随着木薯淀粉加工技术的进一步优化，有望降低生产成本，提高产品品质，扩大应用领域。

（四）其他淀粉的湿法工艺

除了上述几种主要的淀粉原料外，一些其他植物如小豆、龙薯、山药、秋葵等也可以用来提取淀粉，其湿法工艺与前述方法类似，主要包括清洗、破碎、磨浆、筛分、沉淀、洗涤、脱水、干燥等步骤。但由于不同植物的组织结构、淀粉含量和形态特征差异较大，在原料预处理、淀粉分离和提取等环节需要针对性地优化，以提高淀粉的得率和品质。例如：小豆淀粉的提取需要先将小豆浸泡，去除种皮，然后磨浆，采用酸碱法或蛋白酶法去除蛋白质，再经过多次水洗和脱水，得到纯度较高的小豆淀粉；龙薯淀粉需要先将鲜龙薯切片，浸泡脱毒，再经过破碎、磨浆、筛分、沉淀等步骤提取淀粉；山药淀粉则需要先将山药去皮，切丁，用盐水浸泡，抑制酶促褐变，再经过破碎、磨浆、筛洗、离心等步骤分离淀粉；秋葵淀粉需要先将秋葵果实切片，用热水浸泡，软化果肉，再经过破碎、磨浆、筛洗、沉淀等步骤提取淀粉。

对于一些野生植物如龙芋、苦薯、凤眼果等，由于资源分散，淀粉含量低，提取难度大，因此很少进行商业化生产。但这些野生植物淀粉具有独特的理化特性和功能特性，如龙芋淀粉具有较高的抗性淀粉含量，苦薯淀粉具有较强的絮凝性能，凤眼果淀粉具有较好的成膜性和光泽度等。因此，这些野生植物淀粉在医药、化妆品、生物材料等特殊领域具有一定的应用前景，值得进一步研究开发。

总之，淀粉湿法提取工艺是一个复杂的过程，涉及物理、化学、生物学等多个学科，需要根据不同原料的特点，优化工艺参数，改进设备性能，最大限度地提高淀粉的得率和品质，减少能耗和污染。随着科学技术的进步和产业化水平的提高，淀粉湿法提取工艺必将朝着更加高效、环保、智能的方向发展，为淀粉产业的可持续发展提供有力支撑。

三、淀粉提取与分离的关键技术

淀粉提取与分离是一个复杂的过程，涉及多个环节和因素。为了提高淀粉的得率和品质，减少能耗和污染，需要在关键环节采用先进的技术和设备。本节将重点介绍淀粉提取与分离过程中的几项关键技术，包括淀粉原料的预处理技术、淀粉分离与提取技术、淀粉精制与纯化技术、淀粉干燥与粉碎技术等，并分析其原理、特点和应用效果。

（一）淀粉原料的预处理技术

淀粉原料的预处理是淀粉提取与分离的第一步，直接影响后续工序的效率和质量。预处理的目的是去除原料中的杂质和非淀粉成分，软化组织结构，释放淀粉颗粒，为后续的淀粉分离创造有利条件。常用的预处理技术包括清洗、浸泡、破碎等。

1. 清洗技术

淀粉原料中通常含有泥沙、石子、金属等杂质，需要进行初步清洗。常用的清洗设备有滚筒清洗机、喷淋清洗机、气泡清洗机等。滚筒清洗机利用滚筒的旋转和水的冲刷作用，将杂质与原料分离；喷淋清洗机利用高压水柱冲刷原料表面，去除泥沙和微生物；气泡清洗机利用气泡的上浮作用，将轻质杂质带到水面，再进行分离。清洗过程要控制水量和时间，避免淀粉损失。清洗水可以循环利用，减少水资源浪费。

2. 浸泡技术

浸泡是谷物、豆类等淀粉原料常用的预处理方法。浸泡可以软化种皮和细胞壁，有利于淀粉的释放和提取。同时，浸泡可以去除种皮中的色素、单宁等有害物质，提高淀粉的品质。浸泡过程中通常需要加入亚硫酸盐等化学试剂，抑制微生物生长，防止淀粉发酵变质。浸泡的时间、温度、pH 值等参数需要根据原料特性和淀粉品质要求进行优化。例如，玉米浸泡一般在 50 ℃左右进行，时间为 36～48 h；小麦浸泡温度较低，在 20 ℃～30 ℃，时间为 6～12 h。

3. 破碎技术

破碎是淀粉原料普遍采用的预处理方法。破碎可以破坏细胞结构，使淀粉颗粒从细胞中释放出来，提高淀粉的提取率。常用的破碎设备有瑞士滚筒磨浆机、链板式磨浆机、锤片式破碎机等。破碎过程要注意控制粒度和温度，避免淀粉过度破碎而影响品质。破碎粒度一般要求达到20～30目，温度控制在20℃～30℃。破碎过程中可以加入适量的水，利于淀粉的分散。破碎工序产生的废渣主要是纤维素、蛋白质等，可以综合利用，制成饲料或肥料。

除了上述常规预处理技术外，一些新型技术如高压均质、超声波、微波等也开始应用于淀粉原料预处理领域。这些技术利用特殊的物理作用，如高压剪切力、空化效应、热效应等，可以快速破坏细胞结构，提高淀粉的释放率，减少预处理时间和成本。但这些技术尚处于研究和试验阶段，在工业化应用中还存在设备投资大、能耗高、工艺复杂等问题，有待进一步优化和推广。

（二）淀粉分离与提取技术

淀粉分离与提取是将淀粉颗粒从破碎后的淀粉乳中分离出来，是淀粉加工的核心环节。常用的分离与提取技术包括筛分、旋流分离、离心分离、沉降分离等。

1. 筛分技术

筛分是利用淀粉颗粒与非淀粉物质在粒度上的差异，通过振动筛将其分离的方法。淀粉乳通过筛网时，淀粉颗粒通过筛孔进入下一道工序，而纤维素、蛋白质等较大颗粒则被阻留在筛网上。筛分设备主要有圆筒筛、旋振筛、直线振动筛等。筛分过程要控制振动频率和振幅，使筛分效果最佳。筛上物主要是纤维素、蛋白质等，可以回收利用；筛下物则进入淀粉精制工序。筛分技术操作简单，成本低，但分离效率相对较低，产品纯度不够理想。

2. 旋流分离技术

旋流分离是利用淀粉颗粒与非淀粉物质在密度上的差异，通过旋流器将其分离的方法。淀粉乳在旋流器中受到离心力作用，密度大的淀粉颗粒被甩到器壁，从下部排出，形成淀粉富集相；密度小的非淀粉物质留在旋流中心，从上部排出，形成淀粉贫相。旋流分离技术分离效率高，连续化程度好，能耗低，在淀粉工业中应用广泛。但旋流器结构复杂，制造成本较高，且需要配套的泵等输送设备，投资较大。

3. 离心分离技术

离心分离是利用淀粉颗粒与非淀粉物质在密度上的差异，通过离心机将其分离的方法。淀粉乳在高速旋转的离心机中受到强大的离心力作用，密度大的淀粉颗粒被甩到离心机内壁，形成淀粉渣，而密度小的非淀粉物质则留在上清液中，形成淀粉乳。离心机的分离效果受转速、时间、料液浓度等因素的影响。常用的离心机有卧式螺旋卸料离心机、立式刮刀卸料离心机等。与旋流分离相比，离心分离的分离效率更高，淀粉得率和纯度更高；但能耗大，设备投资大，操作维护也相对复杂。

4. 沉降分离技术

沉降分离是利用淀粉颗粒与非淀粉物质在沉降速度上的差异，通过重力沉降将其分离的方法。由于淀粉颗粒的密度比非淀粉物质大，在重力作用下沉降速度更快，最终沉积在容器底部，形成淀粉层，而非淀粉物质则悬浮在上层液体中。沉降分离技术设备简单，成本低，易于操作，但分离效率低，周期长，占地面积大，目前多用于小型淀粉厂。为了提高沉降效率，可以在淀粉乳中加入絮凝剂，促进淀粉颗粒聚集。

除了上述常规分离提取技术外，一些新型技术如膜分离、静电分离、亲和层析等也开始应用于淀粉提取领域。这些技术利用淀粉颗粒与非淀粉物质在其他理化性质上的差异，如表面电荷、亲水性、免疫亲和性等，可以实现更加精细和高效的分离提取。例如：超滤膜可以有效去除淀粉乳中的蛋白质、多糖等大分子杂质，从而显著提高淀粉的纯度；静电分离可以利用淀粉颗粒表面的电性差异，在高压静电场中实现淀粉与非淀粉物质的分离；亲和层析则利用淀粉分子与特异性吸附剂之间的免疫亲和作用，实现淀粉的高效分离和纯化。这些新型分离提取技术具有应用前景广阔，有望进一步提升淀粉产品的品质和附加值。但受制于成本、技术等因素，目前在淀粉工业中的推广应用还相对有限。

（三）淀粉精制与纯化技术

淀粉精制与纯化是在初步分离提取后，进一步去除淀粉中残留的非淀粉杂质，提高淀粉的纯度和品质的过程。常用的精制与纯化技术包括多级洗涤、漂白、絮凝、离子交换等。

1. 多级洗涤技术

多级洗涤是采用多级筛分或旋流分离的方法，通过不断加水稀释和分离，逐步去除淀粉中的水溶性杂质和细小纤维的过程。一般采用 3～5 级洗涤，每级淀粉乳的浓度逐渐增大，杂质含量逐渐降低。多级洗涤可以显著提高淀粉的纯度，但同时也带来淀粉损失和水耗增加的问题。因此，需要合理设计洗涤流程和水量，优化洗涤效果和成本。

2. 漂白技术

漂白是采用化学试剂去除淀粉中色素和其他有色杂质的过程。常用的漂白剂有亚硫酸盐、双氧水、次氯酸盐等。亚硫酸盐漂白是最常用的方法，它能够有效漂白淀粉，同时也具有杀菌、抑酶等作用。但亚硫酸盐漂白可能会残留亚硫酸根离子，影响淀粉的品质和安全性。双氧水漂白是一种环保型漂白方法，其漂白效果好，残留少，但成本相对较高。次氯酸盐漂白的效果也比较理想，但有可能产生有害的氯代有机物。漂白过程要严格控制试剂用量和反应条件，避免淀粉降解和变质。

3. 絮凝技术

絮凝是采用絮凝剂使淀粉乳中的细小杂质絮聚，从而促进沉降分离的过程。常用的絮凝剂有明矾、聚合氯化铝（PAC）、聚丙烯酰胺（PAM）等。絮凝剂通过中和淀粉颗粒表面电荷，降低静电排斥力，促进淀粉颗粒聚集。同时，絮凝剂也可以吸附乳液中的蛋白质、脂肪等杂质，促进其沉降。絮凝技术可以显著提高淀粉的沉降速率和分离效果，减少淀粉损失。但絮凝剂的加入也可能带来淀粉品质下降和成本增加的问题，需要谨慎选用。

4. 离子交换技术

离子交换是利用离子交换树脂吸附淀粉乳中的带电杂质如蛋白质、无机盐等，从而提高淀粉纯度的方法。常用的离子交换树脂有强酸型阳离子交换树脂、强碱型阴离子交换树脂等。离子交换树脂通过静电吸引和配位作用，将淀粉乳中的带电杂质吸附到树脂表面，而淀粉分子则通过树脂层流出，从而达到分离和纯化的目的。离子交换技术分离效果好，操作灵活，自动化程度高，但树脂成本较高，再生和维护也比较麻烦。

除了上述常规精制纯化技术，一些新型技术如电渗析、膜澄清、臭氧氧化等也开始应用于淀粉精制领域。这些技术利用电场、膜分离、氧化还原等特殊的物化作用，可以高效去除淀粉中的带电杂质、大分子杂质、有色杂质等，显著提高淀粉的纯度和品质。例如：电渗析技术利用直流电场，通过离子交换膜将淀粉乳中的无机盐等带电杂质分离出去，从而获得高纯度淀粉；膜澄清技术采用精密过滤膜，可以有效去除淀粉乳中的胶体、微生物等大分子杂质，提高淀粉的透明度和稳定性；臭氧氧化技术利用臭氧的强氧化性，可以高效降解和脱色淀粉中的有色物质，改善淀粉的色泽和品质。这些新型精制纯化技术具有应用前景广阔，有望进一步提升淀粉产品的档次和附加值。

（四）淀粉干燥与粉碎技术

淀粉干燥与粉碎是淀粉生产的最后一道工序，将湿淀粉加工成干燥、松散、均匀的成品淀粉。干燥的目的是去除淀粉中的水分，延长储藏期，便于运输和加工。粉碎的目的是控制淀粉粒度，满足下游产品的需求。常用的淀粉干燥与粉碎技术包括闪蒸干燥、气流干燥、喷雾干燥和机械粉碎等。

1. 闪蒸干燥技术

闪蒸干燥是利用饱和蒸汽直接接触湿淀粉，使淀粉迅速升温和干燥的方法。湿淀粉在高温高压下与过热蒸汽充分混合，水分迅速汽化，使淀粉温度升高到100℃～120℃，同时伴随淀粉颗粒的膨化。脱水后的淀粉颗粒被输送到旋风分离器中，与蒸汽分离，再经冷却除尘，得到干燥淀粉产品。闪蒸干燥技术具有干燥速度快、能耗低、自动化程度高等优点，目前在大型淀粉企业中应用广泛。但闪蒸干燥需要较高的设备投资和维护成本，且淀粉的松散度和粒度不够理想，需要进一步粉碎。

2. 气流干燥技术

气流干燥是利用高温空气悬浮和输送湿淀粉颗粒，同时蒸发水分，获得干燥淀粉的方法。湿淀粉与热空气在气流干燥管中充分混合，水分不断被蒸发，干燥后的淀粉颗粒被输送到旋风分离器中，与热空气分离，再经冷却除尘，得到成品淀粉。气流干燥具有设备简单、连续化生产、能耗较低等特点，适合中小型淀粉企业。但气流干燥的干燥速率和热效率相对较低，淀粉产品的粒度分布和外观质量也有待提高。

3. 喷雾干燥技术

喷雾干燥是将淀粉乳雾化成细小液滴，与热空气接触，快速蒸发水分，得到干燥淀粉粉末的方法。淀粉乳在高压下被雾化成 20～200μm 的细小液滴，与 150℃～250℃的热空气逆流接触，水分迅速蒸发，干燥后的淀粉颗粒随气流进入旋风分离器，与热空气分离，再经冷却包装，得到淀粉粉末产品。喷雾干燥技术具有干燥速度快、热效率高、粉末分散性好、粒度分布均匀等优点，在淀粉深加工和食品、医药等领域应用广泛。但喷雾干燥设备复杂，投资和运行成本较高，且对淀粉乳的性质要求较高，需要进行脱气、均质等预处理。

4. 机械粉碎技术

机械粉碎是利用机械力破碎块状、颗粒状淀粉，得到均匀细小的淀粉粉末的过程。常用的机械粉碎设备有锤式粉碎机、气流粉碎机、搅拌球磨机等。粉碎过程要严格控制粉碎时间、转速等参数，避免淀粉受热和机械损伤。粉碎后的淀粉粉末需要过筛分级，去除粗颗粒和细粉，得到粒度均匀的成品淀粉。机械粉碎技术工艺简单，投资少；但粉碎效率较低，能耗大，淀粉粉末的粒度分布不够理想。

此外，淀粉干燥与粉碎过程中，还需要注意防止淀粉受潮结块和粉尘污染等问题。可以采用气流输送、真空包装等措施，减少淀粉吸湿和粉尘外逸。同时，淀粉干燥与粉碎设备还应配备完善的除尘系统，减少粉尘排放，保护操作环境。

总之，淀粉干燥与粉碎技术是淀粉加工的重要环节，直接影响淀粉成品的品质和附加值。要根据淀粉产品的特性和用途，合理选用干燥与粉碎工艺，优化工艺参数，提高设备性能，最大限度地保证淀粉产品的稳定性和均一性。此外，在干燥与粉碎过程中，还要注重节能减排，降低成本，提高淀粉加工的经济效益和社会效益。

四、淀粉提取与分离的发展趋势

淀粉提取与分离技术经过长期的发展和完善已经形成了比较成熟的工业体系，但随着淀粉产品市场的不断细分和环保要求的日益严格，传统的淀粉提取与分离工艺在产品品质、资源利用、能耗物耗、环境污染等方面还存在诸多不足，亟需进一步优化和改进。本节将概述淀粉提取与分离技术的发展趋势，重点分析淀粉加工过程的减排节能、清洁生产、智能制造等方面的新进展，展望淀粉产业的绿色发展前景。

（一）减排节能技术

淀粉加工过程消耗大量的水、电、汽等资源，同时也产生大量的废水、废渣等污染物，给环境带来严重负荷。因此，淀粉企业必须采取有效措施，减少资源消耗和污染排放，实现淀粉加工的减排节能和清洁生产。主要技术途径包括以下方面：

1. 优化生产工艺

淘汰落后的生产工艺和设备，采用先进的节能、节水、减排新技术，从源头上减少资源消耗和污染排放。例如：采用热回收技术，利用旋风分离器等设备，回收淀粉干燥过程中的余热和二次蒸汽，可显著降低热耗；采用逆流多级漂洗工艺，优化洗涤水量和洗涤次数，减少淀粉损失的同时，可大幅降低废水排放量；改用膜分离、电渗析等新型分离提取技术，可有效减少化学试剂的使用量，降低污染物浓度。

2. 加强设备维护

定期对淀粉生产设备进行维护和保养，及时更换老化、损坏的零部件，保证设备的高效运转和正常工况，减少跑冒滴漏等异常造成的资源浪费和环境污染。同时，还要加强设备的清洁生产管理，采用密闭输送、自动清洗等措施，减少粉尘污染和废水污染。

3. 废物资源化利用

充分回收利用淀粉加工过程中产生的淀粉废水、淀粉渣等废弃物，变废为宝，实现资源的梯级利用。例如：采用厌氧发酵技术，将淀粉废水制成沼气，替代化石能源；将淀粉渣加工成饲料、肥料等产品，提高废物的资源化利用率。

4. 循环经济模式

按照“减量化、再利用、资源化”的循环经济理念，构建淀粉产业链和生态链，实现资源的高效循环利用和废物的全过程管控。例如：在淀粉企业周边布局养殖业、种植业等，将淀粉加工废水、废渣直接用于农牧业生产，实现废物的就地消纳和再利用；在淀粉企业内部，构建水资源、热能等的梯级利用和循环系统，提高资源利用效率。

（二）清洁生产技术

清洁生产是指在生产全过程中，采用先进的技术和科学的管理，从源头削减污染，提高资源利用效率，减少或者避免污染物的产生，以减轻或者消除对环境的危害。淀粉工业要实现可持续发展，必须大力推广清洁生产技术，加快淀粉生产方式的绿色转型。主要技术途径包括以下方面：

1. 原料清洁化

在保证淀粉品质的前提下，优先选用淀粉含量高、杂质少的优质原料，从源头上减少废物产生量。在原料预处理环节，采用物理清洗、臭氧杀菌等清洁工艺，替代化学药剂，减少污染物排放。

2. 过程清洁化

改进生产工艺，减少有毒有害原料的使用，降低污染物产生强度。例如：在淀粉漂白环节，用臭氧、双氧水等清洁型漂白剂，取代传统的亚硫酸盐、次氯酸盐等含硫、含氯漂白剂，减少二氧化硫、三氯甲烷等有毒物质的排放；在淀粉改性环节，采用酶法、物理法等绿色改性方法，替代化学交联、接枝等污染大的改性方法。

3. 末端清洁化

对淀粉生产过程中产生的“三废”进行末端治理，削减污染物的排放量和危害性。例如：采用高效的废水处理工艺，提高化学需氧量（COD）、氨氮、总磷等污染物的去除率；优化除尘工艺，提高粉尘的收集率和净化效率；对淀粉渣进行无害化处理，降低其环境风险。

4. 废物减量化

在淀粉生产过程中，优化工艺参数，减少废物的产生量。例如：优化磨浆工艺，在保证出浆率的同时，最大限度地减少废渣产生量；改进洗涤和脱水工艺，减少废水和废液的排放量。

5. 风险可控化

加强淀粉生产过程中的环境风险管控，完善风险防范和应急响应机制。例如：建立完善的污染监测和预警体系，及时发现和处置环境风险隐患；制订切实可行的环境应急预案，提高风险事故的处置能力和响应速度。

总之，淀粉工业要走清洁生产之路，就必须从原料、生产、废物、风险等各个环节入手，系统优化资源利用和污染控制策略，最大限度地减少污染物的产生，提高资源利用效率。这不仅需要先进适用的清洁生产技术，也需要企业树立清洁生产意识，完善清洁生产管理制度，形成全员、全过程、全方位的清洁生产格局。只有坚持走清洁生产之路，淀粉工业才能获得持续、健康的发展。

（三）智能制造技术

随着工业 4.0 和中国制造 2025 战略的深入推进，智能制造已成为未来制造业的主攻方向。淀粉工业作为重要的农产品加工业，也急需引入智能制造技术，推动淀粉生产的自动化、信息化、智能化，提高生产效率和产品质量，增强行业竞争力。淀粉智能制造的主要技术途径包括以下方面：

1. 自动化生产

淀粉生产环节众多，工艺复杂，传统的人工操作和粗放管理已难以适应现代淀粉工业的要求。采用自动化控制和数字化管理，可显著提高生产效率，降低人工成本。例如：采用分布式控制系统（DCS）、可编程控制器（PLC）等自动化控制系统，实现生产过程的自动测量、自动调节、自动记录和自动报警；建立制造执行系统（MES），实现生产计划、设备管理、质量控制、物料跟踪等功能，打通管理“孤岛”。

2. 智能化决策

淀粉生产受原料、工艺、设备等多种因素影响，生产过程极其复杂，人工经验已无法满足优化控制的需要，引入智能决策技术可显著提高生产过程的稳定性和最优性。例如：采用智能软传感器，实时估计生产过程的关键质量属性，预警质量异常；搭建知识库和模型库，采用机器学习算法，对生产数据进行智能分析，优化工艺参数。

3. 信息化管理

淀粉企业信息涉及研发、采购、生产、销售、物流等各个环节，传统的“信息孤岛”和数据割裂制约了企业经营效率的提升。建设企业信息化管理平台，打通信息壁垒，可显著提高企业管理水平。例如：采用企业资源计划（ERP）系统，实现财务、库存、订单等业务的一体化管理；建设客户关系管理（CRM）系统，加强客户关系管理；应用大数据、云计算等新一代信息技术，实现数据采集、存储、分析、应用的全链条打通。

4. 网络化协同

淀粉产业链条长，涉及原料种植、收储运输、初加工、精深加工、物流配送等诸多环节，产业链各方信息不对称，运作效率不高。利用物联网、移动互联等网络化技术，加强产业链协同，可显著降低交易成本，提高资源配置效率。例如：应用“农业物联网”，实现原料产地环境和种植过程的实时监测，保障原料质量；建设“智慧物流”系统，实现运输设备的全程定位和状态监控，优化物流组织；搭建“产融结合”平台，促进龙头企业与中小企业、金融机构的协同创新和利益共享。

总之，智能制造是淀粉工业实现转型升级的必由之路。淀粉企业要抓住智能制造的历史机遇，加大技术创新力度，加快智能化改造步伐，推动淀粉生产朝自动化、数字化、网络化、智能化方向发展，推动淀粉产业向高质量、高效益、高附加值方向跃升。这不仅需要企业加大资金投入，引进先进技术装备，也需要企业转变经营理念，创新商业模式，构建产学研用协同创新机制，加快高端人才培养和团队建设。只有全面推进智能制造，淀粉工业才能培育新的竞争优势，实现高质量发展。

第二节　淀粉的物理改性技术

淀粉是一种天然高分子材料，具有可再生、可生物降解、无毒等优点，在食品、医药、化工等领域有广泛应用。但天然淀粉也存在一些缺陷，如耐热性差、流变性不佳、老化速度快等，难以满足现代工业对功能性淀粉日益增长的需求。因此，有必要对天然淀粉进行物理、化学或酶法等改性处理，调控其理化性质和功能特性，扩大其应用范围。淀粉的物理改性是指在不改变淀粉化学结构的前提下，利用物理方法调控淀粉的理化性质和功能特性的技术。物理改性具有工艺简单、成本低廉、产品安全等优点，因此在淀粉工业中应用广泛。本节将重点介绍淀粉的物理改性技术，包括热处理改性、辐射交联改性、超声处理改性、湿热处理改性、剪切处理改性，分析其改性原理、工艺过程、产品性能及应用领域，为开发新型功能性淀粉产品提供理论指导。

一、热处理改性

淀粉的热处理改性是指将淀粉在一定温度下加热，使其结构和性质发生变化的方法。常用的热处理方法有干热处理和湿热处理两种。干热处理是指在低水分条件下 加热，湿热处理是在高水分条件下（≥20%）加热。

干热处理主要通过改变淀粉的结晶结构和分子间作用力，来调节其流变特性和热稳定性。研究表明，当加热温度高于淀粉的玻璃化转变温度时，淀粉的结晶区熔融，无定形区发生塑化，使得淀粉颗粒软化，易于变形。若继续升高温度，分子链间的氢键作用减弱，淀粉分子获得更大的运动自由度，导致其熔体强度和熔体弹性下降，流动性增加。因此，通过控制热处理温度和时间，可以调控淀粉的流变行为，改善其加工性能。

湿热处理主要通过改变淀粉的结晶度、溶胀能力和酶解性来调节其功能特性。研究发现，经湿热处理后，淀粉的结晶度下降，无定形区增加，同时部分结晶区转变为V型复合物，这些变化导致淀粉的溶胀能力和酶解性显著提高。湿热处理还可诱导淀粉形成耐热耐酸的团聚体，从而提高其热稳定性和抗逆性。因此，湿热处理常用于制备快溶淀粉、耐热淀粉等专用淀粉产品。

（一）焙烧改性

焙烧改性是在高温（110 ℃～200 ℃）下，将干燥淀粉置于烘箱或焙烧炉中加热一定时间（0.5～5 h），使其发生部分解聚或重聚的方法。焙烧过程中，淀粉分子间和分子内的氢键断裂，无定形区增多，结晶度下降，淀粉的溶解性和糊化温度升高。同时，淀粉分子发生脱水、交联、焦糖化等反应，形成褐色物质，使淀粉颜色加深。焙烧改性可显著降低淀粉的黏度和糊化温度，提高其热稳定性和抗老化性，赋予其耐酸、耐热、增稠等特性。焙烧淀粉可作为增稠剂、稳定剂、凝胶剂等，广泛应用于汤、酱、罐头等食品体系。影响焙烧改性效果的因素主要有焙烧温度、时间、淀粉含水率等，要根据淀粉种类和产品要求，优化焙烧工艺参数。

（二）微波改性

微波改性是利用微波辐射对淀粉进行短时加热处理的方法。微波频率一般为2450MHz，波长为12.2cm，可深入淀粉颗粒内部，使淀粉分子高速运动和相互摩擦，从而将微波能量转化为热能，使淀粉温度迅速升高。与传统加热方式相比，微波加热具有选择性强、升温速度快、受热均匀、热效率高等特点。经微波处理后，淀粉的结晶度下降，支链淀粉含量增加，淀粉糊化温度和峰值黏度降低，透明度和冷水溶解性提高。微波改性可制备冷溶性淀粉、速溶淀粉、高透明度淀粉等产品，在速食食品、婴幼儿食品等领域有广泛应用。影响微波改性效果的因素主要有微波功率、辐照时间、淀粉含水率等，要根据产品性能要求，优化微波处理条件。

（三）爆破改性

爆破改性是将淀粉置于高温高压的水蒸气中，经瞬时减压处理，使淀粉颗粒迅速膨胀、破裂，从而改变其结构和性质的方法。爆破过程通常在160℃～190℃、0.6～0.8MPa下进行，持续时间为20～60s。高温高压使淀粉迅速糊化，而瞬时减压则使淀粉颗粒内部水分迅速汽化，产生巨大的膨胀力，使淀粉颗粒破碎，形成多孔结构。爆破改性可显著提高淀粉的比表面积和水溶性，降低其黏度和回凝性，赋予其易消化、易分散、高吸水等特性。爆破淀粉可作为增稠剂、乳化剂、包埋剂等，广泛应用于速溶食品、风味食品、功能食品等领域。影响爆破改性效果的因素主要有爆破温度、压力、时间等，要根据淀粉品质要求和设备条件，优化爆破工艺参数。

二、辐射交联改性

辐射交联是指利用γ射线、电子束等高能射线，诱导淀粉分子产生自由基，进而发生交联反应的方法。辐射交联可在常温常压下进行，对淀粉的化学结构影响较小，因此被认为是一种理想的物理改性技术。

研究表明，辐射交联主要发生在淀粉的无定形区，交联度受辐射剂量、水分含量等因素的影响。适度的交联可提高淀粉的分子量和溶液黏度，改善其成膜性和乳化性。但过度交联则会导致淀粉溶解性下降，膨胀能力减弱。此外，辐射交联还可诱导淀粉形成双螺旋结构，提高其耐热性和抗老化性。因此，辐射交联常用于制备高黏度淀粉、抗老化淀粉等功能性淀粉。

需要注意的是，辐射交联过程中会产生少量游离基，可能引起淀粉的降解和褐变。因此，在辐射改性时，需要严格控制辐射剂量和水分含量，并采取适当的措施，如添加自由基清除剂等，以减少辐射损伤。

（一）γ射线辐照改性

γ射线辐照改性是利用放射性同位素（如钴-60）衰变产生的γ射线，对淀粉进行辐照处理的方法。γ射线是一种高能电磁辐射，穿透力强，能与淀粉分子发生电离作用，产生自由基、离子等活性粒子，诱导淀粉发生断链、交联等反应。γ射线辐照淀粉的结构和性质变化，取决于辐照剂量、辐照气氛、淀粉含水率等因素。低剂量（小于 10 kGy）辐照主要引起淀粉分子间交联，使其溶解性下降，黏度、凝胶强度提高；而高剂量（大于 50 kGy）辐照主要引起淀粉分子断链降解，使其溶解性提高，黏度、黏弹性下降。γ射线辐照改性可制备抗溶性淀粉、易消化淀粉、接枝淀粉等产品，在食品、医药、材料等领域有广泛应用。但γ射线辐照设备复杂，运行成本高，辐照过程需要严格的安全防护，工业应用还有一定局限性。

（二）电子束辐照改性

电子束辐照改性是利用电子加速器产生的高能电子束，对淀粉进行辐照处理的方法。电子束是由电子枪在高压下射出的电子流，能量范围为 0.2～10 MeV，与γ射线类似，可引发淀粉发生断链、交联、接枝等反应。电子束辐照改性淀粉的效果，取决于电子能量、辐照剂量、淀粉水分等因素。与γ射线相比，电子束穿透力较差，但电子流密度高，辐照效率高，可实现淀粉的快速均匀改性。电子束辐照可制备抗菌淀粉、吸附淀粉、接枝淀粉等产品，在生物医药、环境修复、功能材料等领域有广阔应用前景。目前，电子束辐照技术已广泛应用于医疗器械灭菌、聚合物改性等领域，在淀粉工业中的应用也日益受到重视。

（三）紫外光辐照改性

紫外光辐照改性是利用紫外光对淀粉进行光照处理，诱导其发生光化学反应，从而改变其结构和性质的方法。紫外光是波长在 10～400 nm 范围内的电磁辐射，按波长可分为 UV-A（315～400 nm）、UV-B（280～315 nm）、UV-C（100～280 nm）等。UV-B、UV-C 属于深紫外区，能量较高，可引发淀粉生色团（如羰基、共轭双键等）发生激发，进而引发淀粉光降解、光交联、光接枝等反应。紫外光辐照改性淀粉的效果，取决于光波长、辐照强度、辐照时间、光引发剂等因素。与γ射线、电子束等电离辐射相比，紫外光属于非电离辐射，能量较低，对淀粉改性的效果相对温和，但其设备简单，成本低廉，环境友好，在淀粉改性中也有一定应用。紫外光辐照可制备光降解淀粉、光接枝淀粉等产品，在光敏材料、生物医用材料等领域有一定应用潜力。

三、超声处理改性

超声处理是指利用超声波引起的空化效应和机械作用，对淀粉进行物理改性的方法。当超声波在液体中传播时，会产生局部的高温高压，使液体发生汽化，形成空化泡。空化泡的急剧塌陷会产生强大的冲击波和剪切力，从而破坏淀粉颗粒的表面结构，使其发生物理变化。

研究发现，超声处理可显著降低淀粉的黏度和糊化温度，提高其溶解性和透明度。这主要是超声空化作用导致淀粉颗粒破碎，比表面积增大，同时无定形区松弛，结晶度下降所致。超声处理还可诱导淀粉分子解聚，产生低聚糖和葡萄糖，从而改变淀粉的消化特性。因此，超声处理常用于制备低黏度淀粉、速溶淀粉、消化性淀粉等。

值得注意的是，超声处理的效果与淀粉浓度、超声频率、功率、时间等因素密切相关。一般而言，低浓度、高频率、大功率和长时间的超声处理，改性效果更明显。但过度的超声处理可能导致淀粉严重降解，产生大量还原糖，影响产品质量。因此，在超声改性时，需要优化工艺参数，控制改性程度，以获得理想的淀粉产品。

四、湿热处理改性

湿热处理改性是在一定含水量下，利用热能和机械能的共同作用，改变淀粉分子结构和聚集状态的方法。常见的湿热处理改性包括糊化改性、回生改性、蒸煮改性等。这些方法可以破坏淀粉的粒内结构，使其部分解聚或重排，改变其流变性、稳定性、凝胶性等。湿热处理改性可调控淀粉的多种功能特性，在食品工业中应用广泛。

（一）糊化改性

糊化改性是在一定水分条件下，将淀粉加热到其糊化温度以上，使其不可逆地吸水溶胀、破裂，形成均匀稳定的糊状体的方法。糊化过程中，淀粉颗粒首先吸水溶胀，体积增大，结晶区逐渐破坏，双折射消失；然后淀粉颗粒破裂，分子溶出，形成连续的淀粉糊。糊化改性可显著提高淀粉的透明度、黏度、流动性等，赋予其成膜性、增稠性、凝胶性等特点。糊化淀粉可作为增稠剂、黏合剂、成膜剂等，广泛应用于罐头、肉制品、焙烤食品等领域。影响糊化改性效果的因素主要有淀粉浓度、加热温度、加热时间、剪切速率等，要根据淀粉种类和产品要求，优化糊化工艺参数。

（二）回生改性

回生改性是将糊化淀粉冷却后，在低温下储存一段时间，使其发生分子重排和重结晶的方法。回生过程通常在 4 ℃～30 ℃下进行，持续时间为数小时至数天。回生过程中，溶出的淀粉分子重新聚集，形成结晶区，使体系的黏度、浊度增加，凝胶强度提高。回生改性可显著提高淀粉的黏度稳定性、凝胶强度、保水性等，赋予其抗老化、耐冷冻等特性。回生淀粉可作为稳定剂、增稠剂、凝胶剂等，广泛应用于冷冻食品、酸奶、果冻等领域。影响回生改性效果的因素主要有淀粉浓度、回生温度、回生时间等，要根据淀粉品种和性能要求，优化回生条件。

（三）蒸煮改性

蒸煮改性是在限制水分条件下，将淀粉置于高压蒸汽中加热一段时间，使其发生部分糊化和变性的方法。蒸煮过程通常在 110 ℃～130 ℃、0.1～0.3 MPa 下进行，淀粉含水量控制在 25～45%，持续时间为 0.5～3 h。蒸煮过程中，淀粉颗粒吸水溶胀，体积增大，部分淀粉分子溶出，但由于水分有限，不会完全糊化。蒸煮改性使淀粉的结晶度下降，无定形区增多，糊化温度降低，黏度、透明度提高。蒸煮淀粉具有易糊化、高透明、黏度稳定等特点，可作为增稠剂、黏合剂、涂料等，应用于肉制品、焙烤食品、造纸等领域。影响蒸煮改性效果的因素主要有蒸煮温度、时间、淀粉含水量等，要根据淀粉性质和用途，优化蒸煮工艺参数。

五、剪切处理改性

剪切处理改性是利用强烈的机械剪切作用，破坏淀粉颗粒结构，改变其聚集状态和理化特性的方法。常见的剪切处理改性包括均质改性、挤压改性、球磨改性等。这些方法利用流体剪切力、机械剪切力、冲击力等，使淀粉发生物理降解或重组，调控其溶解性、流变性、吸附性等。剪切改性设备简单，能耗低，易于工业化应用，在淀粉加工领域应用广泛。

（一）均质改性

均质改性是利用高压均质机对淀粉悬浮液施加强烈剪切、撞击、汽蚀等作用，使淀粉颗粒破碎、分散，形成均匀稳定的体系的方法。均质过程中，淀粉悬浮液在高压（50～200 MPa）下高速（50～300 m/s）通过狭窄的缝隙，受到强烈的剪切和撞击作用，淀粉颗粒被破坏，形成微小的碎片或团聚体。均质改性可显著降低淀粉的粒径和黏度，提高其比表面积和分散性，改善其流动性和稳定性。均质淀粉可作为增稠剂、分散剂、包埋剂等，应用于乳制品、饮料、化妆品等领域。影响均质改性效果的因素主要有淀粉浓度、均质压力、均质次数、温度等，要根据产品性能要求，优化均质工艺参数。

（二）挤压改性

挤压改性是利用挤压机对淀粉施加强烈剪切力和压力，使其发生解聚、断裂、熔融等物理变化的方法。挤压过程通常在 80 ℃～180 ℃、10～30 MPa 下进行，淀粉含水量控制在10%～30%。挤压过程中，淀粉在螺杆和筒体的剪切作用下，其结晶结构被破坏，部分支链断裂，形成不规则的碎片或团聚体。挤压改性可显著降低淀粉的聚合度和结晶度，提高其溶解性和糊化性，赋予其可塑性、热塑性等特点。挤压淀粉可作为增塑剂、填充剂、热塑性基料等，应用于生物降解塑料、发泡材料、3D 打印等领域。影响挤压改性效果的因素主要有淀粉水分、挤压温度、螺杆转速、淀粉种类等，要根据制品性能要求，优化挤压工艺参数。

（三）球磨改性

球磨改性是利用球磨机对淀粉施加强烈的冲击、摩擦、剪切等机械力，使淀粉发生物理解聚、团聚或化学反应的方法。球磨过程通常在常温下进行，以钢球或陶瓷球为磨介，干法或湿法操作。球磨过程中，淀粉颗粒在球体撞击和摩擦作用下，发生物理破碎、表面活化、缺陷产生等变化，比表面积和反应活性大大提高。球磨改性可显著降低淀粉的粒径和结晶度，提高其水溶性和化学反应性，有利于其进一步改性或功能化。球磨淀粉可作为载体、吸附剂、催化剂等，应用于药物制剂、净水处理、酶固定化等领域。影响球磨改性效果的因素主要有球磨时间、球料比、球磨介质、淀粉品种等，要根据淀粉性质和用途，优化球磨条件。

（四）其他物理改性

除了上述常见的物理改性外，还有许多其他的淀粉物理改性，如高压处理、剪切处理、微波处理、冷冻处理等。这些方法主要通过机械作用、热效应、电磁效应等，改变淀粉的结构和性质，调控其功能特性。例如：高压处理可在常温下诱导淀粉糊化，提高其溶解性和酶解性；剪切处理可破坏淀粉的颗粒结构，降低其黏度，制备低黏度淀粉；微波处理可选择性加热淀粉，诱导其部分糊化，制备预糊化淀粉；冷冻处理可促进淀粉老化，提高其抗消化性，制备抗性淀粉。

这些新型物理改性具有节能、高效、清洁等优点，符合淀粉加工的绿色化、智能化趋势。但其工业应用还有待进一步探索和优化，以克服设备投资大、操作复杂等问题。未来，随着物理改性的不断进步，必将为淀粉产品的功能化和专用化开辟新的途径。

总之，淀粉的物理改性通过物理手段，在分子或颗粒水平上调控淀粉的结构和性质，从而改善其功能特性。与化学改性相比，物理改性具有工艺简单、成本低廉、产品安全等优势，在淀粉加工领域有广阔的应用前景。但物理改性也存在一定局限性，如改性程度有限、部分性质难以调控等。因此，在实际应用中，往往需要综合考虑淀粉的来源、用途、性价比等因素，合理选择改性方法。此外，将物理改性与化学改性、酶改性等联合应用，也是提升淀粉改性效果的有效途径。相信通过产学研的共同努力，淀粉物理改性必将不断突破和创新，为淀粉产业的转型升级提供强大驱动力。

第三节　淀粉的化学改性技术

淀粉是一种多羟基天然高分子，其葡萄糖单元上含有大量亲水性羟基，易于发生化学反应。通过化学试剂与淀粉分子上的羟基、碳原子等基团反应，可对淀粉进行定向改性，赋予其特殊的理化性质和功能特性。与物理改性相比，化学改性可在分子水平上精准调控淀粉结构，改性程度高，改性品种多样，在淀粉工业中应用广泛。本节将系统介绍几种常用的淀粉化学改性技术，包括醚化改性、酯化改性、交联改性、接枝共聚改性、氧化改性，分析其反应机理、制备工艺、产品性能和应用领域，并展望淀粉化学改性的发展前景。

一、醚化改性

醚化改性是以环氧试剂（如环氧乙烷、环氧丙烷等）或卤代烷烃（如氯乙酸钠、溴乙烷等）为醚化试剂，与淀粉分子中的羟基发生亲核加成或亲核取代反应，生成淀粉醚的方法。醚化反应可在淀粉分子引入亲水性或疏水性基团（如羟丙基、羧甲基、季铵基等），调节其电荷性质、溶解性、增稠性等，赋予其特殊功能。醚化改性反应条件相对苛刻，但改性效果显著，产品种类丰富，应用领域广泛。常见的醚化改性包括羟丙基化改性、羧甲基化改性、阳离子化改性等。

（一）羟丙基化改性

羟丙基化改性是以环氧丙烷为醚化试剂，在碱性条件下与淀粉反应，生成羟丙基淀粉醚（HPS）的方法。反应机理如下：

$$淀粉\text{-}OH + CH_2-CH-CH_2 \longrightarrow 淀粉\text{-}OCH_2CH(OH)CH_3O$$

反应通常在pH值11～12、温度30 ℃～50 ℃下进行，反应时间3～24 h。催化剂主要有NaOH、KOH等。羟丙基化反应在淀粉分子引入亲水性羟丙基，取代度（DS）和摩尔取代度（MS）可分别控制在0.05～1.0和0.05～0.3。HPS具有优异的溶解性、透明性、稳定性和增稠性，常用作食品添加剂。与天然淀粉相比，HPS的糊化温度降低，耐热性、耐冷冻性和耐老化性提高。低取代HPS（MS<0.1）主要用于改善面条、馒头等的品质；中取代HPS（MS为0.1～0.2）可作为增稠剂，改善酱料、汤羹的口感；高取代HPS（MS>0.2）可显著提高淀粉的溶解性，赋予其表面活性，在医药、化妆品等领域有广泛应用。

（二）羧甲基化改性

羧甲基化改性是以氯乙酸钠为醚化试剂，在碱性条件下与淀粉反应，生成羧甲基淀粉醚（CMS）的方法。反应机理如下：

$$淀粉\text{-OH} + \text{ClCH}_2\text{COONa} \longrightarrow 淀粉\text{-OCH}_2\text{COONa} + \text{HCl}$$

反应通常在 pH 值 12～13、温度 30 ℃～70 ℃下进行，反应时间 1～5 h。催化剂主要有 NaOH、Na_2CO_3 等。羧甲基化反应在淀粉分子引入亲水性羧甲基，DS 可控制在0.01～1.5。CMS 具有优异的亲水性、分散性和增稠性，在食品、医药、日化等行业应用广泛。低度取代 CMS（DS＜0.2）在冷水中即可溶胀，吸水性和保水性显著提高，可作为增稠剂、稳定剂等；高度取代 CMS（DS＞0.2）完全溶于冷水，具有多糖凝胶的性质，可作为水基钻井液、造纸涂料等的增稠剂。在生物医药领域，CMS 可作为药物缓释载体、组织工程支架材料等。此外，CMS 还具有螯合性，可吸附重金属离子，在污水处理、土壤修复等环境领域有应用前景。

（三）阳离子化改性

阳离子化改性是以含季铵基团的试剂为醚化试剂，与淀粉反应，生成阳离子淀粉醚的方法。常用的阳离子化试剂有 3-氯-2-羟丙基三甲基氯化铵（CTA）、2，3-环氧丙基三甲基氯化铵（EPTAC）等。反应在淀粉分子引入带正电荷的季铵基团，DS 可控制在 0.01～1.0。阳离子淀粉醚在水中呈正电性，具有优异的絮凝性、吸附性和杀菌性。在污水处理领域，阳离子淀粉醚可作为絮凝剂，吸附水中的胶体、悬浮物、细菌等，使其聚沉，从而达到净化水质的目的。在造纸工业，阳离子淀粉醚可提高纸浆的保留率和纸张的强度；在采矿业，阳离子淀粉醚可用于选矿废水的处理和尾矿的压榨脱水。此外，阳离子淀粉醚还具有抗静电、抗菌等特性，可用于织物整理剂、化妆品添加剂等。

二、酯化改性

酯化改性是指在淀粉分子上引入酯键的化学改性方法。淀粉酯化一般采用酸酐、酰氯等作为酯化试剂，与淀粉羟基反应，生成酯键。常见的淀粉酯有醋酸淀粉、丁二酸淀粉、辛烯基琥珀酸淀粉等。

酯化可显著改变淀粉的疏水性和热塑性，调节其黏结性、成膜性、抗水性等。引入的酯基，如乙酰基、丁二酰基等，具有较强的疏水性，可赋予淀粉一定的疏水性和耐水性。同时，酯基的柔顺性可提高淀粉的柔韧性和热塑性，有利于其热加工。此外，通过选择不同的酯化试剂和控制取代度，还可调节淀粉酯的黏结强度和成膜性能。因此，淀粉酯常用作黏合剂、涂料、造纸助剂等。

需要注意的是，淀粉酯化反应通常在酸性或中性条件下进行，反应温度和时间会显著影响酯化效率和取代度。过高的温度和过长的时间可能导致淀粉酯降解，影响其性能。此外，部分酯化试剂，如醋酐，毒性较大，操作不当可能危害人体健康。因此，在酯化改性时，需要优化反应条件，选择安全环保的酯化试剂，严格控制产品质量。

三、交联改性

交联改性是指在淀粉分子之间引入化学键，形成三维网状结构的化学改性方法。淀粉交联一般采用双官能团或多官能团试剂作为交联剂，在一定条件下与淀粉羟基反应，形成分子间或分子内交联键。常用的交联剂有环氧氯丙烷、磷酸三仲氨酯、三聚氰胺等，相应生成的交联淀粉有羟丙基交联淀粉、磷酸酯交联淀粉、三聚氰胺交联淀粉等。

交联改性可显著提高淀粉的分子量和膨胀力，改善其抗剪切稳定性、耐热性、抗老化性等。交联使淀粉分子形成网状结构，限制了分子链的运动，从而提高了淀粉凝胶的强度和稳定性。同时，交联结构的疏水区可阻碍水分子进入，减缓淀粉老化。此外，通过控制交联度，还可调节淀粉的溶解性和黏度。因此，交联淀粉常用作增稠剂、稳定剂、黏结剂等。

值得注意的是，交联反应通常在碱性条件下进行，交联剂用量和反应条件会显著影响交联效率和交联度。过量的交联剂和过强的反应条件可能导致淀粉过度交联，溶解性下降，甚至产生不溶性凝胶，影响其应用。此外，部分交联剂，如环氧氯丙烷，毒性较大，残留量超标可能危害人体健康。因此，在交联改性时，需要优化交联工艺，选择低毒或无毒交联剂，严格控制交联度和残留量，确保产品安全。

四、接枝共聚改性

接枝共聚改性是指在淀粉分子上引入其他高分子链段，形成接枝共聚物的化学改性方法。淀粉接枝共聚一般采用过氧化物引发，或者辐射引发，在淀粉骨架上接枝聚合其他单体，如丙烯酰胺、丙烯酸等，制备淀粉接枝共聚物。

接枝共聚改性可在淀粉上引入多种功能基团，赋予其特殊的性质，如增溶性、絮凝性、吸水性、络合性等。接枝的聚合物链段可显著改变淀粉的亲疏水性、电荷性质、分子构象等，从而调控其溶解性、流变性、吸附性等功能。例如：接枝聚丙烯酰胺可大幅提高淀粉的絮凝性和保水性，制备高效絮凝剂；接枝聚丙烯酸可赋予淀粉 pH 值响应性，制备智能水凝胶；接枝壳聚糖可改善淀粉的生物相容性，制备创面敷料等。

需要注意的是，淀粉接枝共聚反应较为复杂，接枝率和接枝效率受淀粉来源、单体种类、引发方式、反应条件等多种因素的影响。例如：马铃薯淀粉的接枝效率通常高于玉米淀粉；亲水性单体比疏水性单体更易接枝；辐射引发比化学引发能获得更高的接枝率；提高单体浓度、引发剂用量和反应温度，在一定范围内可提高接枝率，但过高则可能导致单体自聚而降低接枝效率。因此，在接枝改性时，需要针对不同体系，优化接枝工艺，控制接枝率和接枝效率，以获得性能优异的淀粉接枝共聚物。

（一）离子型接枝改性

离子型接枝改性是以含离子基团的乙烯基单体（如丙烯酸、甲基丙烯酸等）为接枝单体，在引发剂作用下与淀粉发生自由基接枝共聚反应，在淀粉分子引入聚电解质侧链的方法。常用的引发剂有过硫酸铵、过氧化氢等。反应在淀粉骨架上接枝聚羧酸型阴离子侧链。离子型接枝淀粉在水中呈聚电解质特性，静电排斥使其分子链伸展，溶解性和增稠性显著提高。同时，侧链上大量的羧基还赋予其螯合性、pH 值敏感性等特性。例如：在石油开采中，离子型接枝淀粉可用作驱油剂，提高原油采收率；在土壤修复中，离子型接枝淀粉可螯合重金属离子，降低其生物有效性；在药物缓释领域，离子型接枝淀粉对药物分子具有静电吸附作用，可实现药物的 pH 值控释。此外，离子型接枝淀粉还可进一步改性，制备温度、光等多重响应性智能材料。

（二）疏水性接枝改性

疏水性接枝改性是以烷基丙烯酸酯类单体（如甲基丙烯酸甲酯、丙烯酸丁酯等）为接枝单体，在引发剂作用下与淀粉发生自由基接枝共聚反应，在淀粉分子引入疏水性聚酯侧链的方法。反应条件与离子型接枝类似。疏水性接枝淀粉兼具淀粉骨架的亲水性和接枝侧链的疏水性，呈现出独特的两亲性。在水中，其分子链形成核壳结构的纳米胶束，内核为疏水侧链，外壳为亲水骨架，具有类似于表面活性剂的乳化、增溶等功能。同时，疏水侧链的引入也提高了淀粉的热塑性和成型性。例如：在药物传输领域，疏水性接枝淀粉纳米胶束可包封疏水性药物分子，提高其水溶性和生物利用度；在农药传输领域，疏水性接枝淀粉微囊可包封农药分子，实现缓释和减量施用；在生物基材料领域，疏水性接枝淀粉与聚乳酸等生物塑料复合，可改善其力学性能和降解性能。此外，通过调控接枝侧链的疏水性，可实现疏水性接枝淀粉对温度、pH 值等环境响应性，在智能材料方面有广阔应用前景。

（三）两性离子接枝改性

两性离子接枝改性是以含阴、阳离子基团的乙烯基单体为接枝单体，通过分步或一步法与淀粉发生接枝共聚反应，在淀粉分子同时引入阴、阳离子侧链，制备两性离子淀粉接枝物的方法。常见的阳离子单体有 2-甲基丙烯酰氧乙基三甲基氯化铵（DMC）、甲基丙烯酰胺丙基三甲基氯化铵（MAPTAC）等，阴离子单体有丙烯酸、甲基丙烯酸等。两性离子接枝淀粉兼具阴、阳离子侧链，在水溶液中呈两性电解质特性，具有独特的 pH 值响应性：在酸性条件下，阳离子基团质子化，分子链伸展，溶液黏度增大；在碱性条件下，阴离子基团去质子化，分子链收缩，溶液黏度下降。因此，两性离子接枝淀粉可用作 pH 值敏感增稠剂，如在无氰镀铜中用作 pH 值敏感添加剂，通过 pH 值调控镀液黏度，改善镀层质量。此外，两性离子基团还赋予淀粉优异的絮凝性、缓冲性、抗静电性等，在水处理、农业、日化等领域有广泛应用。

五、氧化改性

氧化改性是以各类氧化剂为改性试剂，与淀粉分子发生氧化还原反应，引入醛基、羧基等含氧基团，从而改变淀粉的结构和性质的方法。氧化反应可选择性地发生在淀粉分子的特定位置（如 C2、C3、C6 位），调控淀粉的结晶度、支链度、电荷性质等，进而改变其溶解性、黏度、成膜性等。氧化改性常用的氧化剂有过碘酸盐、高碘酸盐、双氧水等，其反应条件温和，产物种类多样，在淀粉工业中应用广泛。常见的氧化改性包括过碘酸氧化改性、高碘酸氧化改性、双氧水氧化改性等。

（一）过碘酸氧化改性

过碘酸氧化改性是以过碘酸盐（如 $NaIO_4$）为氧化剂，与淀粉分子中的二醇结构（相邻的仲羟基）发生选择性断裂反应，生成双醛淀粉（Dialdehyde Starch，DAS）的方法。反应机理如下：

$$\text{淀粉-CHOH-CHOH-} + NaIO_4 \longrightarrow \text{淀粉-CHO} + \text{OHC-淀粉} + NaIO_3 + H_2O$$

反应通常在 pH 值 3～5、温度 25 ℃～50 ℃下进行，反应时间 1～24 h。过碘酸氧化反应高度特异，只发生在 α-1，4-糖苷键相连的葡萄糖残基的 C2 位、C3 位，而 α-1，6-糖苷键处的残基不受影响。双醛淀粉中醛基含量可控制在 20%～100%，即氧化度（degree of oxidation，DO）为 0.2～1.0。DAS 分子间及分子内氢键减少，结晶度大幅降低，水溶性显著提高。同时，DAS 醛基的反应活性高，易于进一步改性，如还原、氨化、肟化、酯化等，可制备多种功能性淀粉衍生物。DAS 在水中能形成纳米纤维凝胶网络，具有类似丙烯酰胺类高分子的增稠性能，在石油开采、涂料、化妆品等领域有广泛应用。此外，DAS 还具有优异的成膜性、黏合性和抗菌性，在生物基材料、医用敷料等方面有应用潜力。

（二）高碘酸氧化改性

高碘酸氧化改性是以高碘酸盐（如 KIO_3）为氧化剂，与淀粉分子发生选择性氧化反应，在其 C6 位引入羧基，生成羧基淀粉（Carboxy Starch，CS）的方法。反应机理如下：

$$\text{淀粉-}CH_2OH + KIO_3 \longrightarrow \text{淀粉-COOH} + KI + H_2O$$

反应通常在 pH 值 5～8、温度 25 ℃～50 ℃下进行，反应时间 1～24 h。高碘酸氧化反应高度区域选择性，只发生在淀粉分子的伯醇羟基（C6 位），而仲醇羟基（C2 位、C3 位）不受影响。反应引入的羧基含量可控制在 5%～50%，即羧基取代度为 0.05～0.5。

CS在中性和碱性水溶液中呈负电性，静电排斥使其分子链伸展，水溶性和分散性大幅提高。CS具有类似于羧甲基纤维素钠（CMC）的增稠性能，且耐热性、耐酸碱性更优，在食品工业中用作增稠剂、稳定剂等。CS羧基的螯合性和配位性可用于重金属废水处理；其成膜性和生物相容性可用于药物缓释载体、伤口敷料等生物医用材料。此外，CS还可进一步接枝改性，制备两性离子淀粉、两亲性淀粉等高分子表面活性剂。

（三）双氧水氧化改性

双氧水氧化改性是以双氧水为氧化剂，在碱性条件下与淀粉分子发生随机氧化反应，在其C1、C2、C3、C4、C6位不同程度地引入羰基、羧基等含氧基团，生成氧化淀粉的方法。反应通常在pH值9～11、温度20 ℃～50 ℃下进行，双氧水用量为淀粉的0.1%～10%。与过碘酸、高碘酸等选择性氧化剂相比，双氧水属于非选择性氧化剂，在淀粉分子不同位点引入多种含氧基团，使淀粉分子链发生随机断裂。双氧水氧化淀粉具有冷水溶解性、黏度低、热稳定性和抗老化性优异，主要用作食品的稳定剂、增稠剂等。相比酶法水解淀粉，双氧水氧化法工艺简单、产率高、生产成本低，因此在工业化生产低黏度淀粉方面具有优势。双氧水氧化淀粉还可进一步接枝改性，制备功能性高分子材料。

除了上述常见类型外，淀粉接枝改性的单体种类非常丰富，可根据不同应用需求，设计制备各种功能性淀粉接枝物。例如，以水杨酸单体接枝可制备抗菌型淀粉材料，以4-乙烯吡啶接枝可制备络合型淀粉吸附剂，以N-异丙基丙烯酰胺接枝可制备温敏型淀粉水凝胶，以乙烯基醚类单体接枝可制备交联型淀粉凝胶，以环氧基丙烯酸缩水甘油酯接枝可制备光敏型淀粉材料等。此外，将不同类型的接枝单体复配，还可制备多功能、多响应的复合型淀粉接枝物。淀粉接枝改性赋予了淀粉更多的功能基团和反应位点，极大地拓宽了淀粉材料的应用范围，使其在生物医药、智能材料、生态环境等诸多领域展现出广阔的应用前景。

总之，淀粉的化学改性技术通过化学反应，在分子水平上精准调控淀粉的结构和性质，从而获得功能各异的淀粉衍生物。与物理改性相比，化学改性能更大程度地改善淀粉的理化性质，扩展其应用领域。但化学改性也存在一定局限，如部分改性试剂毒性大、污染重，部分衍生物结构复杂、成本高等。因此，淀粉化学改性的研究重点，在于开发高效、绿色、经济的改性方法，设计安全、环保、多功能的淀粉衍生物。同时，加强化学改性与物理、生物等其他改性技术的联合应用，发挥协同效应，也是未来的重要方向。相信通过科技创新和产业合作，淀粉化学改性技术必将不断突破瓶颈，推动淀粉产业的绿色升级和可持续发展。

六、淀粉化学改性的应用与展望

淀粉化学改性技术通过化学反应，在分子水平上精准调控淀粉的结构和性质，极大地拓宽了淀粉的应用领域。酯化淀粉、醚化淀粉、氧化淀粉等传统改性淀粉产品，已在食品、医药、化工等行业得到广泛应用，成为淀粉工业的支柱产品。而淀粉接枝改性技术的出现，使得淀粉在功能高分子材料领域展现出更加诱人的应用前景。淀粉基智能材料、生物医用材料、环境友好材料等新兴领域正蓬勃发展，淀粉接枝改性技术必将在其中扮演重要角色。

但是，淀粉化学改性在实际应用中仍面临一些挑战。首先，部分化学改性淀粉的毒理学安全性有待进一步评估，尤其在食品、医药等领域的应用受到质疑和限制。其次，淀粉化学改性工艺普遍存在污染大、能耗高、成本高等问题，急需开发绿色、高效、经济的改性新工艺。再次，化学改性淀粉产品的功能专一性不足，在复杂体系中的稳定性和适用性有待提高。最后，淀粉化学改性的产业化进程相对缓慢，生产规模小，产品同质化现象严重，缺乏标准化和规范化。

未来，淀粉化学改性技术的发展，应注重以下几个方向：

（1）绿色化改性。采用无毒环保的改性试剂，开发温和高效的催化工艺，减少“三废”排放，实现淀粉改性的清洁化生产。

（2）功能化改性。针对不同应用领域，通过分子设计，精准调控淀粉的理化性质和生物学性质，发展复合型、多功能、智能型改性淀粉新品种。

（3）高值化应用。拓展改性淀粉在生物医药、电子信息、新能源等高技术领域的应用，开发高附加值产品，提升淀粉工业的整体水平。

（4）产业化推进。加强改性淀粉产品的标准化、规范化和质量控制，建立和完善产业政策，加快科技成果转化，推动淀粉化学改性技术的规模化应用。

（5）资源化利用。加强淀粉改性过程中废弃物的循环利用，提高淀粉原料的综合利用率，实现淀粉化学改性与资源环境的协调发展。

总之，淀粉化学改性技术作为实现淀粉资源高值化利用的关键技术，在推动淀粉工业转型升级、发展生物基材料、建设绿色生态文明等方面具有重要意义。虽然目前仍存在一些瓶颈问题，但随着化学、材料、生物等学科的交叉融合，淀粉化学改性技术必将不断突破创新，在未来生物经济时代扮演更加重要的角色。

第四节　淀粉的生物酶解改性技术

淀粉的生物酶解改性是指利用淀粉水解酶、糖基转移酶等专一性酶，在温和条件下催化淀粉发生水解、异构、转糖等反应，从而改变其理化性质和功能特性的技术。与物理、化学改性相比，酶解改性具有条件温和、专一高效、产物结构可控等优点，更符合绿色化学的理念，因此在淀粉加工领域备受青睐。常见的淀粉酶解改性方法有α-淀粉酶水解、β-淀粉酶水解、糖基转移酶转化等。

一、α-淀粉酶水解改性

α-淀粉酶是一类能随机水解淀粉α-1，4-糖苷键的内切酶。α-淀粉酶水解淀粉，可产生低聚糖、麦芽糖、葡萄糖等多种产物。通过控制酶解条件和终点，可调控产物的组成和聚合度分布，从而改变淀粉的理化性质和应用性能。

例如，采用α-淀粉酶部分水解淀粉，可制备低聚糖或麦芽糊精。低聚糖是由2～10个葡萄糖单元组成的寡糖，具有易消化、低甜度、低黏度等特点，可用于代糖、增稠、包埋等领域。麦芽糊精由5～10个葡萄糖单元组成，具有水溶性好、抗老化性强、包合性优异等特点，可用于运动饮料、药物载体等领域。

又如，采用α-淀粉酶深度水解淀粉，可制备葡萄糖浆或全转化糖浆。酶法制备的糖浆，杂质少、色泽淡、成本低，品质优于传统的酸催化水解法。其中，葡萄糖浆的葡萄糖含量高达90%以上，主要用于糖果、饮料等行业；全转化糖浆中葡萄糖和果糖的比例接近1∶1，甜度高，热量低，多用于烘焙、冷饮等领域。

此外，利用α-淀粉酶选择性水解支链淀粉的外链，可制备直链淀粉。直链淀粉具有重结晶性强、成膜性好、抗老化性优异等特点，是塑料、纺织等行业的优质原料。采用α-淀粉酶法提取直链淀粉，产率高，纯度好，避免了传统盐析法、丁醇沉淀法等的缺陷。

（一）α-淀粉酶的酶解机理

α-淀粉酶属于糖苷水解酶家族（GH13），其活性中心含有4～7个亚基，形成口袋状的催化位点。α-淀粉酶的催化过程遵循双位移机制，主要分为糖苷化和脱糖苷化两个步骤：首先，α-淀粉酶的谷氨酸残基（质子供体）将无规线性淀粉分子的O-2′上的氢离子转移到O-4原子上，形成喇叭型过渡态中间体；其次，另一个谷氨酸残基（亲核试剂）进攻C-1原子，生成酶-底物共价中间体；最后，水分子进攻C-1原子，使得糖苷键断裂，生成还原性寡糖和非还原性寡糖。α-淀粉酶催化反应的速控步骤是底物到活性部位的扩散过程。影响α-淀粉酶水解效率的主要因素包括淀粉类型、酶浓度、温度、pH值、反应时间、激活剂（Ca^{2+}）浓度等。

（二）α-淀粉酶水解工艺

α-淀粉酶水解可分为液化和糖化两个阶段。液化是在95℃左右，用α-淀粉酶水解淀粉的α-1，4-糖苷键，使其变为水溶性糊精的过程；糖化是在60℃左右，用葡萄糖淀粉酶等进一步水解糊精，生成葡萄糖、麦芽糖等低聚糖的过程。工业化生产中，α-淀粉酶水解通常采用梯级液化、喷射液化等连续化工艺，可提高淀粉的转化率和糖化率。以玉米淀粉酶解生产高果糖浆为例，其主要工艺流程：淀粉液制备→α-淀粉酶液化（喷射液化，95 ℃～105 ℃，pH 值 6.0～6.5）→葡萄糖淀粉酶糖化（60 ℃，pH 值 4.0～4.5）→异构化（葡萄糖异构酶，65 ℃，pH 值 7.5～8.0）→精制（活性炭脱色、离子交换、蒸发浓缩、结晶分离）→产品。采用 α-淀粉酶水解制备的高果糖浆，其果糖含量可达 42%，广泛用于饮料、糖果、罐头等食品工业。

（三）α-淀粉酶水解产物及应用

α-淀粉酶水解淀粉的初级产物为水溶性糊精，包括直链淀粉、支链淀粉、极限糊精等。这些糊精的分子量分布宽，聚合度在 10～100，保留了部分淀粉的结构特征。α-淀粉酶水解糊精具有优异的增稠性、成膜性、黏结性等，可作为食品添加剂，应用于焙烤食品、肉制品、调味品等。α-淀粉酶水解糊精易于消化吸收，热值低，常作为婴幼儿、病人的特殊营养品。此外，α-淀粉酶水解糊精还可作为发酵工业的碳源，经酵母发酵生产燃料乙醇。

经葡萄糖淀粉酶进一步水解，α-淀粉酶水解糊精可生成葡萄糖、麦芽糖、麦芽三糖等低聚糖。其中：葡萄糖主要用于食品、医药领域，如生产果葡糖浆、药用葡萄糖等；麦芽糖具有易结晶、低吸湿、抗龋齿等特点，常用于硬糖、巧克力的生产；麦芽三糖、麦芽四糖等低聚糖具有益生元作用，可选择性地促进双歧杆菌等肠道有益菌的生长，在功能食品领域有广阔应用前景。

此外，α-淀粉酶水解还可制备环状低聚糖，如环糊精。环糊精是由葡萄糖分子通过 α-1，4-糖苷键连接形成的环状低聚糖，按葡萄糖单元数可分为 α-环糊精、β-环糊精、γ-环糊精等。环糊精的结构类似空心截顶圆锥体，外侧亲水，内腔疏水，具有包结性能。利用环糊精的包结作用，可提高药物、香料等疏水性物质的水溶性和稳定性。环糊精广泛用于医药、食品、化妆品等领域，如制备药物包合物、香精香料、织物整理剂等。此外，环糊精还可用于手性拆分、酶促合成、污染物吸附等领域。

二、β-淀粉酶水解改性

β-淀粉酶是一类从淀粉非还原末端依次切除麦芽糖单元的外切酶。β-淀粉酶只能水解 α-1，4-糖苷键，遇 α-1，6-糖苷键时反应停止。因此，β-淀粉酶水解淀粉的主要产物是麦芽糖和 β-极限糊精。

β-淀粉酶水解改性的主要应用是制备高纯度麦芽糖。麦芽糖是由两个葡萄糖单元通过 α-1，4-糖苷键连接而成的二糖，具有易结晶、不吸湿、甜度适中、还原性低等特点，广泛用于食品、饮料、医药等行业。与化学合成法相比，β-淀粉酶生物合成麦芽糖，无需保护基策略，产物纯度高，后处理简单。与α-淀粉酶水解法相比，β-淀粉酶水解产物单一，分离纯化更容易。

除了制备麦芽糖外，β-淀粉酶水解改性还可用于制备β-极限糊精。β-极限糊精是由支链淀粉在β-淀粉酶作用下释放的糊精混合物，主要含有B-链的直链部分和A-链。相比天然淀粉，β-极限糊精的结晶性更强，酶解性更差，可作为缓释载体、包埋剂等的理想材料。

（一）β-淀粉酶的酶解机理

β-淀粉酶属于糖苷水解酶家族（GH14），其活性中心含有约500个氨基酸残基，形成V型的底物结合槽。β-淀粉酶催化淀粉水解的反应机理与α-淀粉酶类似，也遵循双位移机制，但其切割方式为外切。首先，β-淀粉酶的谷氨酸残基进攻底物的C-1原子，形成共价中间体；其次，另一个谷氨酸残基从水分子接受质子，进攻C-1原子，使得α-1，4-糖苷键断裂，生成β-麦芽糖。与α-淀粉酶相比，β-淀粉酶专一性更强，只能水解α-1，4-糖苷键。影响β-淀粉酶水解效率的因素主要有淀粉类型、酶浓度、温度（55 ℃～65 ℃）、pH值（4.5～6.5）、反应时间等。

（二）β-淀粉酶水解工艺

β-淀粉酶水解淀粉制备麦芽糖，是麦芽糖工业化生产的关键技术。目前，工业上主要采用β-淀粉酶与枯草芽孢杆菌α-淀粉酶联合酶解法生产麦芽糖。其基本工艺流程：淀粉糊化（90 ℃～95 ℃）→α-淀粉酶液化（80 ℃～90 ℃，pH值6.0～6.5）→β-淀粉酶糖化（60℃～65 ℃，pH值5.0～5.5）→精制（活性炭脱色、离子交换、蒸发浓缩、结晶分离）→产品。该法优化了酶解条件，充分发挥α-淀粉酶和β-淀粉酶的协同作用，淀粉转化率可达98%以上，麦芽糖得率可达75%以上。

（三）β-淀粉酶水解产物及应用

β-淀粉酶水解淀粉的主要产物为麦芽糖。麦芽糖是由两个葡萄糖分子通过α-1，4-糖苷键连接而成的低聚糖，属于还原性双糖。麦芽糖易结晶，具有独特的麦芽风味，甜度约为蔗糖的一半。由于麦芽糖不参与美拉德反应，因此可用于需要高温加工的食品，如饼干、面包等。此外，麦芽糖不易被口腔细菌代谢，具有抗龋齿作用，常用于无糖糖果、口香糖等。在酿造工业，麦芽糖是啤酒发酵的主要糖源，可提高啤酒的麦芽风味和醇厚度。在制药工业，麦芽糖可用于输液、药片的生产，改善药物的稳定性和口感。

除麦芽糖外，β-淀粉酶水解淀粉还可生成极限糊精。由于β-淀粉酶不能通过α-1，6-糖苷键，支链淀粉经β-淀粉酶彻底水解后，会残留大量不能继续水解的支链片段，称为β-极限糊精。β-极限糊精的支链密度高，分子质量分布窄（平均聚合度为20～30），具有优异的增稠性、成膜性、耐酶性等。β-极限糊精可作为低热量淀粉基食品添加剂，如增稠剂、稳定剂等。此外，β-极限糊精还可用于生产低聚糖、环糊精等。

三、糖基转移酶转化改性

糖基转移酶是一类能催化糖基在受体分子之间转移的酶，可在淀粉分子内部或分子间形成新的糖苷键，从而改变淀粉的结构和性质。常见的糖基转移酶有环糊精葡萄糖基转移酶（CGTase）、支链淀粉（GBSS）、淀粉（SBE）等。

CGTase是一种能在直链淀粉上形成α-1，4-糖苷键的转糖酶，可将部分直链缩合成环状低聚糖，即环糊精。环糊精根据葡萄糖单元数的不同，分为α-环糊精、β-环糊精、γ-环糊精等。环糊精具有疏水性内腔和亲水性外表，能与多种有机物分子形成包合物，具有增溶、稳定、缓释等功能，在食品、化妆品、医药等领域有广泛应用。酶法生产环糊精，转化率高，产物组成可控，是化学合成法的理想替代。

GBSS和SBE是合成支链淀粉的关键酶，前者催化直链淀粉的延伸，后者催化α-1，6-糖苷键的形成。利用这两种酶可在体外定向合成结构特异的支链淀粉，如高直链淀粉、高支链淀粉等。这为开发高性能的功能性淀粉提供了新思路。例如：利用GBSS合成的高直链淀粉，具有优异的成膜性和抗老化性，有望取代石油基塑料；利用SBE合成的高支链淀粉，具有更小的粒径和更多的支链，具有更好的增稠性和乳化性。

四、淀粉糖苷酶水解改性

淀粉糖苷酶是一类专一性水解淀粉α-1，6-糖苷键的酶，主要包括枝糖苷酶（isoamylase，EC 3.2.1.68）和肺炎双球菌糖苷酶（pullulanase，EC 3.2.1.41）两种。枝糖苷酶能够专一性地切割直链淀粉分子上的α-1，6-糖苷键，但不能切割肺炎双球菌多糖上的α-1，6-糖苷键；而肺炎双球菌糖苷酶则能专一性地切割肺炎双球菌多糖上的α-1，6-糖苷键，而不能切割淀粉分支点上的α-1，6-糖苷键。淀粉糖苷酶常与α-淀粉酶联合应用，用于制备直链淀粉、异麦芽糖等。

（一）淀粉糖苷酶的酶解机理

枝糖苷酶和肺炎双球菌糖苷酶均属于糖苷水解酶家族（GH13），其催化机制类似α-淀粉酶。但与α-淀粉酶水解α-1，4-糖苷键不同，淀粉糖苷酶专一性地识别并水解α-1，6-糖苷键。枝糖苷酶的最佳反应条件为pH值4.5～5.5、温度40 ℃～45 ℃，而肺炎双球菌糖苷酶的最佳反应条件为pH值5.0～6.0、温度55 ℃～60 ℃。淀粉糖苷酶水解α-1，6-糖苷键的反应是淀粉完全水解为葡萄糖的关键步骤，可显著提高淀粉的糖化率和糖提取率。

（二）淀粉糖苷酶水解工艺

淀粉糖苷酶常与α-淀粉酶复合使用，构建多酶水解体系。工业上常用枝糖苷酶和α-淀粉酶联合制备低直链淀粉。其基本工艺流程为：淀粉糊化（105 ℃，5～10 min）→α-淀粉酶液化（95 ℃～100 ℃，pH 值 6.0～6.5）→β-淀粉酶糖化（60 ℃，pH 值 5.0～5.5）→枝糖苷酶脱支（45 ℃，pH 值 5.0）→提取→干燥→产品。该工艺先用 α-淀粉酶打断淀粉的 α-1，4-糖苷键，使得枝糖苷酶能够充分接触 α-1，6-糖苷键；然后在适宜条件下用枝糖苷酶水解 α-1，6-糖苷键，使淀粉完全脱支。经过提取、纯化，可制得纯度高达 97%以上的低直链淀粉。

（三）淀粉糖苷酶水解产物及应用

淀粉糖苷酶水解淀粉的主要产物为低直链淀粉和异麦芽糖。低直链淀粉是一种支链含量很低（<1%）的直链淀粉，由于消除了支链的空间位阻，具有更好的结晶性和热稳定性。低直链淀粉可用于制备高强度、高透明度的生物降解塑料以及高阻隔性食品包装材料等。此外，低直链淀粉易于老化，可制备抗消化淀粉，在功能食品领域有重要应用。

异麦芽糖是由 2～10 个葡萄糖分子通过 α-1，6-糖苷键连接而成的低聚糖。工业上常用肺炎双球菌糖苷酶水解 β-极限糊精制备异麦芽糖。肺炎双球菌糖苷酶切割淀粉分支点上的 α-1，6-糖苷键后，释放出葡聚糖 6-α-葡萄糖基-麦芽四糖（63-α-maltosylmaltotetraose）和葡聚糖 6-α-葡萄糖基-麦芽三糖（62-α-maltosylmaltotriose）等异麦芽糖。异麦芽糖具有独特的理化性质和生理功能，如良好的溶解性、低甜度、抗龋齿、益生元作用等，在功能食品开发方面有广阔应用前景。

五、支链酶水解改性

支链酶（branching enzyme，EC 2.4.1.18）是一类能够在直链淀粉上引入 α-1，6-糖苷键、形成支链结构的酶。支链酶广泛存在于植物体内，如马铃薯、玉米、小麦等。支链酶按来源可分为Ⅰ型和Ⅱ型，其中Ⅰ型支链酶主要在淀粉粒内合成支链淀粉，Ⅱ型支链酶主要在淀粉粒外合成糖原样多糖。支链酶改性可显著提高淀粉的支链数量和支链长度，改善淀粉的理化性质和消化特性，在食品工业中应用广泛。

（一）支链酶的作用机理

支链酶催化直链淀粉形成支链的过程可分为两个步骤：首先，支链酶随机切割直链淀粉上的 α-1，4-糖苷键，产生含还原末端的寡糖供体；其次，支链酶将寡糖供体通过 α-1，6-糖苷键转移到另一条淀粉链的 C-6 位羟基上，形成分支结构。支链酶的最佳反应条件为 pH 值 6.5～7.5、温度 30 ℃～40 ℃，需要 Mn^{2+} 等金属离子的激活。支链酶改性可使淀粉的支链度提高 6～10 倍，平均链长缩短至 10～15 个葡萄糖单元，从而显著改变淀粉的结构和性质。

（二）支链酶改性工艺

工业上常用Ⅰ型支链酶对直链淀粉进行改性，以制备高支链淀粉。其基本工艺流程：直链淀粉制备→溶解（90 ℃）→支链酶改性（pH 值 6.5～7.0，35 ℃～40 ℃，4～24 h）→灭酶（80 ℃，10 min）→提取→干燥→产品。关键控制点为支链酶用量、反应温度和时间。支链酶用量一般为淀粉的 0.1%～1%，过高会导致淀粉解聚；反应温度控制在 35 ℃～40 ℃，过高会使酶失活；反应时间一般为 4～24 h，过长会使支链淀粉老化。经纯化干燥后，可制得支链度 60%以上的高支链淀粉。

（三）支链酶改性产物及应用

支链酶改性淀粉的主要产物为高支链淀粉，其理化性质与天然淀粉差异显著。由于支链结构的引入，高支链淀粉在冷水中即可溶解，溶解度和透明度明显提高；同时其结晶度下降，耐老化性提高。此外，高支链淀粉还具有更大的比表面积，更多的还原末端，因此其黏度、成膜性、络合性等均优于直链淀粉。在食品工业中，高支链淀粉可作为增稠剂、稳定剂、脂肪替代物等，用于调整食品的质构和风味。例如：在冰激凌中添加高支链淀粉，可防止结晶，改善口感；在肉制品中添加高支链淀粉，可提高保水性，改善组织结构；在膨化食品中添加高支链淀粉，可提高膨化度，改善质地；等等。

除食品应用外，高支链淀粉在其他领域也有广泛应用前景。例如：在医药领域，高支链淀粉可作为药物载体，提高药物的溶解性和稳定性；在化妆品领域，高支链淀粉可作为增稠剂、稳定剂等，改善产品的流变性和使用感；在材料领域，高支链淀粉可作为水凝胶基质、造纸助剂等，提高材料的机械强度和保水性；在环保领域，高支链淀粉可作为絮凝剂、净水剂；等等，提高污染物的去除效率。此外，高支链淀粉还可用于生产低聚糖、环糊精等功能性淀粉衍生物。随着支链酶改性技术的不断进步，高支链淀粉有望在更多领域得到应用和推广。

六、淀粉酶解改性的应用与展望

淀粉酶解改性技术利用酶的高效性和专一性，对淀粉进行定向、可控的结构修饰，从而调控淀粉的理化性质和功能特性。与物理、化学改性相比，酶解改性反应条件温和，专一性强，产物结构明确，副产物少，因此在淀粉精深加工领域具有广阔的应用前景。目前，α-淀粉酶、β-淀粉酶等传统淀粉酶制剂已在淀粉糖化、麦芽糖生产等方面得到广泛应用，成为淀粉工业的重要技术支撑。而随着基因工程、酶工程等生物技术的迅猛发展，一大批新型淀粉酶不断涌现，淀粉酶解改性呈现出许多新的特点和趋势。

首先，重组 DNA 技术的应用极大地拓宽了淀粉酶的来源。传统淀粉酶主要来自细菌、真菌等微生物的发酵生产，而重组 DNA 技术可将微生物淀粉酶基因导入农作物中，实现淀粉酶的就地生产。例如，将枯草芽孢杆菌 α-淀粉酶基因导入马铃薯、玉米等，可使淀粉原料自身携带 α-淀粉酶基因，简化淀粉酶制备流程，降低生产成本。此外，利用基因工程手段，还可在淀粉酶分子进行定点突变，从而改善其催化性能，如提高酶活性、热稳定性、底物特异性等，扩大其应用范围。

其次，极端环境微生物淀粉酶的发现为淀粉酶解改性提供了新的酶源。极端环境微生物如嗜热菌、嗜酸菌、嗜碱菌等，由于长期适应恶劣环境，进化出一系列稳定性好、活性高的淀粉酶。如嗜热芽孢杆菌 α-淀粉酶，最适温度可达 100℃以上，在高温环境下仍具有良好的催化活性和稳定性。利用这些极端淀粉酶，可在更宽的酸碱度、温度等条件下进行淀粉酶解改性，简化工艺流程，降低能耗成本。

再次，多酶联用技术的发展为淀粉酶解改性开辟了新的途径。传统淀粉酶解多采用单一酶制剂，而多酶联用则将几种酶组成复合酶系，协同催化淀粉水解。多酶体系不仅可提高淀粉水解效率，缩短反应时间，而且可实现“一锅法”加工，减少分离纯化步骤。例如：α-淀粉酶和葡萄糖淀粉酶复合使用，可显著提高淀粉的糖化率；α-淀粉酶、β-淀粉酶、糖苷酶三酶联用，可一步制备高纯度麦芽糖；α-淀粉酶与支链酶复配，可制备高支链淀粉等。此外，还可根据产品性质要求，灵活组合各种淀粉酶，实现淀粉结构和性质的精准调控。

最后，淀粉酶固定化技术的应用提高了淀粉酶的重复利用率和使用寿命。酶固定化是指将游离酶分子通过物理或化学方法固载到载体上，从而赋予其异相催化特性的过程。与游离酶相比，固定化酶具有稳定性好、分离容易、重复利用率高等优点。例如：将 α-淀粉酶固定在氧化石墨烯上，其热稳定性和储存稳定性显著提高，且可重复使用 10 次以上；将 β-淀粉酶固定在壳聚糖微球上，不仅提高了酶的 pH 值稳定性和温度稳定性，而且实现了酶的连续化使用，大大节省了酶制剂成本。

总之，淀粉的生物酶解改性技术利用生物酶的高效性和专一性，在温和条件下精准调控淀粉的结构和性质，具有绿色、高效、安全等优点。与物理、化学改性相比，酶解改性更符合天然、营养、健康的消费理念，在淀粉深加工领域大有作为。同时，酶解改性与其他改性技术，如酶-超声复合改性、酶-微波复合改性等的联合应用，可发挥协同增效作用，进一步拓宽淀粉的应用空间。此外，采用生物工程技术改造淀粉酶，提高其催化效率和产物专一性，也是提升淀粉酶解改性水平的重要手段。相信随着生物技术的进步，淀粉酶解改性必将迎来更加广阔的发展前景，为淀粉产业的生物质化、功能化注入新的动力。

第五节　复合改性淀粉制备技术

天然淀粉在加工和应用中也存在一些局限性，如在水中易老化、热稳定性差、机械强度低等，难以满足日益多元化的工业需求。为了克服天然淀粉的缺陷，人们发展了物理改性、化学改性、酶解改性等多种改性技术，但单一改性方法往往只能调控淀粉的某些特定性质，而多种改性技术的复合则可协同发挥优势，从多个方面改善淀粉的综合性能，制备出性能更优异的复合改性淀粉。本节将重点介绍几种常见的复合改性淀粉制备技术，如酯化/醚化复合改性、接枝/交联复合改性、物理/化学复合改性等，分析其制备原理、关键工艺、产物性能及应用前景，以期为复合改性淀粉的研发和应用提供理论指导。

随着淀粉应用领域的不断拓展，对淀粉性能的要求越来越高，单一改性技术往往难以满足复杂的应用需求。因此，淀粉复合改性技术应运而生。复合改性是指在同一淀粉体系中，采用两种或两种以上的改性方法，通过协同作用，获得具有复合功能的淀粉产品。与单一改性相比，复合改性可在更大程度上调控淀粉的理化性质，扬长避短，互补优势，从而开发出性能更优、应用更广的新型淀粉材料。

一、酯化/醚化复合改性技术

酯化和醚化是两类常见的淀粉化学改性方法，前者是在淀粉羟基上引入疏水性酯基，后者是在淀粉羟基上引入亲水性或疏水性醚基。酯化可显著提高淀粉的疏水性和热塑性，而醚化可明显改善淀粉的溶解性和稳定性。将两种改性方法复合，可在同一淀粉分子上引入酯基和醚基，从而兼具两种改性效果，制备同时具有疏水性和亲水性的两亲性淀粉。酯化/醚化复合改性淀粉不仅保留了淀粉的生物相容性和降解性，而且具有乳化性、增溶性、成膜性等多种功能特性，在食品、医药、日化等领域有广阔的应用前景。

（一）酯化/羟丙基化复合改性

酯化/羟丙基化是指在淀粉分子上同时引入疏水性酯基和亲水性羟丙基的复合改性方法。常采用羟丙基化和乙酰化、丁酰化的复合路线。以乙酰化/羟丙基化为例，其反应机理：首先，在碱性条件下，淀粉与环氧丙烷反应，生成羟丙基淀粉；其次，在过量乙酸酐存在下，羟丙基淀粉继续乙酰化，生成乙酰/羟丙基淀粉。反应条件：淀粉浓度 30%～50%，环氧丙烷/无水葡萄糖摩尔比 0.05～0.2，NaOH/无水葡萄糖摩尔比0.02～0.2，温度 30 ℃～50 ℃，时间 4～24 h；乙酰化时，乙酸酐/无水葡萄糖摩尔比 1～3，温度 80 ℃

~120 ℃，时间 0.5~4 h。该复合改性淀粉的取代度可调，一般羟丙基取代度（MS）为 0.05~0.5，乙酰基取代度（DS）为 0.1~2.0。所得复合改性淀粉具有两亲性，亲水基团赋予其优异的溶解性和分散性，疏水基团则赋予其乳化性和增溶性。在食品工业中，该淀粉可用作乳化剂、增稠剂等，改善油包水型食品的稳定性和质构；在医药领域，该淀粉可用于药物缓释，提高药物的溶出度和生物利用度；在日化领域，该淀粉可用于化妆品、洗涤剂等，改善产品的使用性能。

（二）酯化/羧甲基化复合改性

酯化/羧甲基化是指在淀粉分子上同时引入疏水性酯基和亲水性羧甲基的复合改性方法。常采用羧甲基化和乙酰化、丁酰化等的复合路线。以乙酰化/羧甲基化为例，其制备工艺：将淀粉悬浮于异丙醇-水混合溶剂中，加入 NaOH 溶液，搅拌并滴加一氯乙酸，在 50 ℃~60 ℃下反应 4~8 h，得到羧甲基淀粉；将所得羧甲基淀粉过滤、洗涤，再悬浮于乙酸酐-吡啶溶液中，于 80 ℃~120 ℃下反应 2~6 h；最后，过滤、洗涤、干燥，即得乙酰/羧甲基淀粉。通过控制羧甲基化和乙酰化条件，可制备不同取代度的复合改性淀粉，其中羧甲基取代度为 0.1~1.2，乙酰基取代度为 0.2~2.5。该复合改性淀粉在水中呈两性电解质特征，pH 值响应性强，低 pH 值下以疏水基团为主，高 pH 值下以亲水基团为主，因此可作为 pH 值敏感载体，用于药物、农药、化妆品等的控释；此外，其还具有增稠、絮凝、螯合等性能，在印染、造纸、净水等领域也有应用。值得一提的是，乙酰/羧甲基淀粉在高温高压下可发生自交联，形成疏水缔合的物理凝胶网络，具有超强吸水性，可用于一次性卫生用品等。

（三）酯化/阳离子化复合改性

酯化/阳离子化是指在淀粉分子上同时引入疏水性酯基和阳离子基团的复合改性方法。常采用阳离子醚化和乙酰化、丁酰化等的复合路线。阳离子醚化试剂主要有 2，3-环氧丙基三甲基氯化铵（EPTAC）、3-氯-2-羟丙基三甲基氯化铵（CHPTAC）等。以乙酰化/EPTAC 醚化为例，其反应机理：首先，在碱性条件下，淀粉与 EPTAC 反应，生成阳离子淀粉醚；其次，在醋酸酐存在下，阳离子淀粉醚继续乙酰化，生成乙酰/阳离子淀粉醚。反应条件：淀粉浓度 30%~50%，EPTAC/无水葡萄糖摩尔比 0.1~1.0，NaOH/无水葡萄糖摩尔比 0.1~1.0，温度 30 ℃~60 ℃，时间 2~8 h；所得复合改性淀粉中，阳离子取代度为 0.01~0.5，乙酰基取代度为 0.05~2.0。由于阳离子基团和酯基的协同作用，该复合改性淀粉具有优异的絮凝性、杀菌性和增溶性。在污水处理中，可作为阳离子絮凝剂，去除水中胶体、悬浮物、细菌等；在造纸、采矿等行业，可提高填料和细粉的保留率；在农药、化妆品等领域，可增溶疏水性活性成分，提高其利用率和稳定性。此外，乙酰/阳离子淀粉醚还可作为食品抗氧化剂和防腐剂载体，起到延长货架期的作用。

二、接枝/交联复合改性技术

接枝共聚和交联是两类重要的高分子改性方法，前者是在高分子主链上引入侧链，后者是在高分子链间形成网状结构。将两种改性方法复合应用于淀粉，可制备出既具有接枝侧链又具有交联网络的复合改性淀粉。与单一接枝或交联改性相比，接枝/交联复合改性可更好地发挥协同效应，从而制备出溶胀度更高、力学性能更好、响应性更灵敏的新型功能淀粉材料。接枝/交联复合改性淀粉在生物医用材料、智能水凝胶、环境修复剂等领域展现出诱人的应用前景。

（一）接枝/离子交联复合改性

接枝/离子交联复合改性是指在淀粉接枝改性的基础上，利用离子键进行交联，形成具有双重网络结构的复合改性淀粉。其制备工艺通常分两步进行：首先将淀粉进行接枝改性，引入可离子化基团（如羧基、磺酸基、季铵基等）；其次利用多价离子（如 Ca^{2+}、Al^{3+}、柠檬酸根等）诱导接枝淀粉形成离子交联网络。以丙烯酸接枝/Ca^{2+} 交联为例，首先将淀粉在引发剂（如过硫酸铵）存在下与丙烯酸进行自由基接枝共聚，接枝率控制在 50～300%；其次，将接枝淀粉溶于水，加入 $CaCl_2$ 溶液，在 pH 值 6～8、温度 20 ℃～50 ℃下搅拌 0.5～4 h，即形成 Ca^{2+} 交联的淀粉-g-聚丙烯酸水凝胶。接枝为水凝胶提供了大量亲水性基团，赋予其超强的吸水性；而离子交联则形成了稳定的网络结构，提高了水凝胶的力学强度和耐酸碱性。与化学交联相比，离子交联简单、快速、可逆，赋予水凝胶良好的环境响应性和重复利用性。淀粉基离子交联水凝胶可用于高吸水材料、药物缓释载体、重金属吸附剂、土壤改良剂等，在生物医用材料、环境修复等领域有广阔应用前景。

（二）接枝/化学交联复合改性

接枝/化学交联复合改性是指在淀粉接枝改性的基础上，利用共价键进行交联，形成永久性三维网络结构的复合改性淀粉。其制备工艺与离子交联类似，先进行淀粉接枝改性，引入可交联基团（如环氧基、不饱和双键、醛基等）；再利用化学试剂进行交联。常用的交联试剂有环氧氯丙烷、戊二醛、N，N′-亚甲基双丙烯酰胺等。以马来酸酐接枝/环氧交联为例，首先将马来酸酐接枝到淀粉骨架上，接枝率控制在 5%～20%，得到马来酸酐接枝淀粉；其次，在碱性条件下，利用环氧氯丙烷与马来酸酐中的羧基反应，形成酯键交联网络，即得淀粉-g-马来酸酐/环氧交联物。所得交联物具有永久的多孔三维结构，孔径在纳米至微米级，比表面积高，吸附性能优异。此外，通过调控接枝率和交联度可制备力学性能各异的交联材料，如高强度水凝胶、形状记忆水凝胶等。淀粉基化学交联材料可用于污染物吸附、酶固定化载体、组织工程支架等，在环境治理和再生医学等领域有重要应用。需要指出的是，化学交联试剂大多有一定毒性，在食品、医药等领域应用时要严格控制交联剂用量和残留量。

（三）接枝/酶促交联复合改性

酶促交联是利用氧化酶等生物酶催化底物分子间形成共价键的温和交联方法。将接枝改性与酶促交联相结合，可制备生物相容性好、无毒副作用的复合改性淀粉材料。以壳聚糖接枝/漆酶交联为例，首先采用还原性末端偶联法，将壳聚糖接枝到淀粉上，得到淀粉-g-壳聚糖接枝物；其次，在缓冲溶液中加入漆酶和过氧化氢，在常温常压下反应0.5～2 h，即形成二酚键交联网络。漆酶催化淀粉和壳聚糖分子中的酚羟基发生脱氢偶联，生成二酚键，从而将线性接枝物转化为三维交联网络。该复合材料兼具淀粉的生物降解性和壳聚糖的抗菌性等，可用于创面敷料、骨修复材料等。此外，以淀粉-半乳糖苷酶、淀粉-转谷氨酰胺酶等为底物，还可制备其他类型的淀粉基酶促交联材料，如自修复水凝胶、药物传递系统等。酶促交联反应条件温和，产物毒性小，在生物医用材料领域极具开发潜力，但其存在成本高、工艺复杂等不足，规模化应用尚需进一步攻关。

三、物理/化学复合改性

物理改性和化学改性是两大类淀粉改性技术，前者利用物理因素（如热、压、剪切等）调控淀粉结构，后者利用化学试剂与淀粉反应改变其组成和结构。两者结合可发挥物理化学协同效应，从更深层次调控淀粉结构，制备性能更优异的复合改性淀粉。物理/化学复合改性既可采用物理法预处理，再进行化学改性，也可先化学改性，再采用物理法强化。前者利用物理作用破坏淀粉的半结晶结构，提高其反应活性，从而强化后续化学改性；后者则利用物理作用诱导化学改性淀粉发生构象转变，进一步优化其理化性质。与单一物理或化学改性相比，复合改性可更好地发挥淀粉多级结构调控的优势，从而制备出结构新颖、性能卓越的淀粉基功能材料。

（一）预糊化/酯化复合改性

预糊化是一种重要的淀粉物理改性技术，通过加热、润压等方式破坏淀粉的晶体结构，使其不可逆地糊化。将预糊化与酯化复合，可显著提高淀粉酯化改性的效率和水平。一方面，预糊化破坏了淀粉颗粒的紧密结构，暴露出更多反应位点，为酯化试剂的进入创造了条件；另一方面，酯基的引入又抑制了预糊化淀粉的老化，提高了其热塑性。以预糊化/乙酰化为例，将淀粉在双螺杆挤压机中进行热塑性挤压，温度120 ℃～180 ℃，含水率10%～30%，在强剪切作用下淀粉充分糊化并经预塑化，然后在常规条件下进行乙酰化，所得乙酰淀粉的取代度可达1.5～2.8，远高于天然淀粉的乙酰化水平（DS为0.2～1.0）。预糊化/酯化复合改性可制备高取代度的淀粉酯，如淀粉醋酸酯、淀粉丁酸酯等，其具有优异的成膜性、疏水性和相容性，可用于生物降解塑料、造纸施胶剂、农用缓释材料等。相比直接酯化天然淀粉，预糊化/酯化工艺可显著提高反应效率，缩短反应时间，降低酯化试剂用量，具有环保、经济的优势。

（二）高压处理/醚化复合改性

高压处理是利用高静水压力（100～1000 MPa）诱导食品发生理化变化的新兴物理改性技术。将高压处理与淀粉醚化复合，可显著强化淀粉醚化反应的进程和效果。高压处理一方面可使淀粉颗粒发生相变，破坏其结晶区，增大其比表面积，提高其对醚化试剂的可及性；另一方面，高压还可加速醚化试剂在淀粉基质中的渗透和扩散，从而提高淀粉醚化效率。研究表明，经 500 MPa 高压处理的马铃薯淀粉，其差示扫描量热曲线上的熔融峰面积明显减小，表明淀粉结晶度下降；同时，高压处理后再进行羟丙基化改性，所得羟丙基淀粉的取代度可达 0.25，明显高于未经高压处理的对照样品（MS 为 0.12）。此外，高压处理与淀粉醚化的复合改性在反应温度、pH 值等方面也展现出协同增效作用，可在更温和条件下实现高效醚化改性。高压/醚化复合改性制备的淀粉醚，如羟丙基淀粉、羧甲基淀粉等，具有优异的透明性、稳定性和增稠性，在食品工业中用作增稠剂、乳化剂、脂肪替代物等，既可改善食品品质，又可降低热量。

（三）微波处理/氧化复合改性

微波加热是一种快速、均匀、选择性强的物理改性技术。将微波处理与淀粉氧化改性相结合，可显著提高淀粉氧化反应的速率和程度。首先，微波加热使淀粉颗粒迅速糊化，破坏了紧密的晶体结构，暴露出更多的反应位点，为氧化试剂的进入提供通道；其次，微波辐射可诱导淀粉分子链振动，加速分子运动，使得分子链内部的化学键更易断裂，从而提高淀粉的反应活性；再次，微波场还可加速氧化试剂的分解，产生更多羟基自由基，从而加速淀粉氧化进程。以微波/过碘酸氧化为例，将淀粉悬浮液置于微波反应器中，于 700 W辐照 1～10 min，然后加入过碘酸钠，在常规条件下反应 1～12 h。结果表明，经微波预处理的淀粉，其碘量（反映醛基含量）可达 0.35，远高于未经微波处理的对照样品（碘量 0.12）。微波/氧化复合改性可制备高羰基、高羧基的淀粉衍生物，如双醛淀粉、羧基淀粉等，其具有优异的反应活性和成膜性，可用于纸张涂布、织物整理、药物载体等。此外，微波辐照还可诱导淀粉发生自由基接枝共聚，与氧化反应形成接枝/交联/氧化三元复合改性，从而制备出结构更为复杂的功能淀粉材料。

四、复合改性淀粉的应用与展望

复合改性技术通过不同改性方法的优势互补和协同增效，可从分子、结构、性能等多个层面调控淀粉，从而突破单一改性技术的局限，制备出全新的淀粉基功能材料。与天然淀粉及单一改性淀粉相比，复合改性淀粉在食品、医药、材料等领域展现出更加广阔的应用前景。

在食品工业中，复合改性淀粉可作为增稠剂、乳化剂、脂肪替代物等，改善食品的稳定性、口感和质构，同时降低热量。例如：β-环糊精/OSA 淀粉复合物可提高 β-胡萝卜素的包埋率和稳定性；预糊化/OSA 复合改性淀粉可作为冰激凌的脂肪替代物，既降低热量，又保持良好的质构。在医药领域，复合改性淀粉可用于药物、基因的缓控释载体，提高药物利用度，降低毒副作用。例如：壳聚糖接枝/戊二醛交联淀粉微球可包埋抗肿瘤药物阿霉素，pH 值响应释放；聚乙烯亚胺接枝/β-环糊精复合淀粉纳米颗粒可作为基因载体，提高 DNA 的细胞转染率。在材料领域，复合改性赋予淀粉新颖的力学、光学、导电等功能，可用于生物基材料、智能材料、电子器件等。例如：纤维素纳米晶/银纳米线/淀粉复合水凝胶具有优异的力学性能和导电性，可用于柔性传感器；聚吡咯接枝/碘掺杂淀粉薄膜具有良好的导电性和稳定性，在柔性显示、太阳能电池等方面有应用潜力。

但是，复合改性淀粉要真正实现产业化应用还需攻克四个难题：一是复合改性过程涉及多种物理、化学反应，反应机理和规律尚不明确，产品质量控制难度大；二是不同改性方法间可能存在拮抗效应，平衡协调各组分的最佳比例和反应条件是一大挑战；三是复合改性成本高，工艺复杂，从实验室制备到规模化生产尚需诸多技术突破；四是复合改性淀粉的检测表征和应用评价体系急需建立健全，以指导新产品的开发和质量控制。未来，随着淀粉化学、材料科学、应用技术等学科的交叉融合，复合改性淀粉的研究必将朝精准调控、功能集成、应用拓展等方向纵深发展，不断拓宽淀粉的应用范畴，推动淀粉工业的转型升级和可持续发展。

淀粉是自然界最丰富的天然高分子之一，具有可再生、可降解、无毒等优点，在食品、医药、化工等领域有广泛应用。但淀粉在加工利用中也存在诸多局限，如在水中易老化、热稳定性差、机械强度低等，难以满足日益多元化的工业需求。因此，对淀粉进行物理、化学、生物等改性处理，调控其理化性质和功能特性，对于拓宽淀粉应用领域、提升淀粉产品附加值具有重要意义。

本章系统地介绍了淀粉的提取分离技术、物理改性技术、化学改性技术、酶解改性技术及复合改性技术，分析了各类改性方法的原理、工艺、性能及应用，展望了淀粉改性技术的发展趋势。淀粉提取分离是淀粉加工利用的基础，采用物理、生物、化学联合提取法，建立绿色、高效、低耗的提取分离新工艺，是淀粉产业的重要发展方向。淀粉物理改性技术操作简单、成本低廉，是实现淀粉产品多样化的重要手段，但仍需在减少淀粉损失、提高产品质量稳定性等方面进行优化。淀粉化学改性可显著拓宽淀粉的应用领域，酯化、醚化、交联等传统改性方法虽已相对成熟，但在提高改性效率、降低环境污染等方面仍有较大改进空间；而淀粉接枝改性等新兴技术方兴未艾，有望制备出高分子拓扑结构新颖、性能卓越的新型功能淀粉材料。淀粉酶解改性技术仍以 α-淀粉酶、β-淀粉酶等传统酶改性为主，而随着基因工程、酶工程等生物技术的迅猛发展，重组酶、极端酶等新型酶制剂将不断问世，多酶联用、固定化连续化等酶解新工艺也将不断涌现。淀粉复合改性技术通过不同改性方法的优势互补和协同增效，可突破单一改性技术的局限，实现淀粉结构与性能的精准调控，是淀粉改性技术的重要发展方向，但如何协调不同改性方法之间的关系，优化复合改性工艺，将是一大挑战。

淀粉改性技术是实现淀粉资源高值化、多元化利用的关键，对淀粉产业的发展至关重要。虽然淀粉改性取得了长足进步，但在绿色化、功能化、高值化等方面仍任重道远。未来，淀粉改性技术研究应重点关注四个方面：一是加强基础研究，深入揭示淀粉结构与性质的内在关联，为新型改性技术及产品开发提供理论指导；二是创新改性方法，发展物理一化学一生物复合改性新技术，实现分子层次、纳米级别的淀粉结构调控；三是拓宽应用领域，面向生物医药、电子信息、新能源、生态环保等战略性新兴产业，开发特色鲜明、性能卓越的淀粉基功能材料；四是优化产业布局，加强产学研用协同创新，建立淀粉改性新技术中试及产业化示范平台，加快科技成果转化和推广应用。相信通过产学研各界的共同努力，淀粉改性技术必将不断取得新的突破，推动淀粉工业迈向高质量、可持续发展的新时代。

淀粉复合改性技术通过不同改性方法的组合，在分子、颗粒、聚集多个层次上协同调控淀粉结构，发挥“多元协同、优势互补”的效应，可获得单一改性难以企及的新功能、强性能。与单一改性相比，复合改性可显著拓宽淀粉的应用领域，提升其应用价值，代表了淀粉改性技术的发展方向。同时，淀粉复合改性的研究，有助于加深对淀粉结构一性能关系的认识，为淀粉材料的分子设计和宏量制备提供理论指导。此外，将复合改性与其他新技术，如 3D 打印、静电纺丝等联用，有望开发出结构更加精细、功能更加独特的淀粉基材料，进一步推动淀粉产业的创新发展。相信随着对淀粉多尺度结构调控机制的深入理解以及物理、化学、生物技术的不断进步，复合改性淀粉必将在食品、材料、能源、环境等诸多领域大放异彩，成为引领淀粉产业变革的新引擎。

第四章　改性淀粉的应用

第一节　改性淀粉在食品工业中的应用

淀粉是自然界蕴藏量极其丰富的天然高分子化合物，广泛存在于各类植物体内。淀粉经过一定的物理、化学、生物酶等方法改性后，可获得多种理化性质不同的改性淀粉产品。与天然淀粉相比，改性淀粉具有更好的稳定性、溶解性、分散性、黏合性等特性，因此在食品工业中得到了广泛应用。本节将主要介绍改性淀粉在面制食品、肉制品和乳制品等食品工业领域的应用。

改性淀粉在食品工业中具有广泛的应用，主要作为增稠剂、稳定剂、黏合剂、包埋剂等，用于改善食品的感官品质和加工性能。与天然淀粉相比，改性淀粉具有更优异的溶解性、透明度、黏度稳定性、抗老化性等特点，因此在许多高端食品中得到青睐。

一、在烘焙食品中的应用

烘焙食品，如面包、蛋糕、饼干等，是改性淀粉的重要应用领域。在烘焙食品中，改性淀粉主要起增稠、保湿、延展、抗老化等作用，可显著改善面团的加工性能和成品的品质。

例如，在面包生产中，添加羟丙基淀粉可提高面团的延展性和气泡保持力，改善面包的比容和内部结构。羟丙基淀粉的支链结构和亲水基团可增加面团的水合能力，延缓淀粉的老化，从而防止面包硬化，延长其货架期。

又如，在蛋糕生产中，添加交联醋酸淀粉可改善面糊的流动性和起泡性，提高蛋糕的松软度和比容。交联醋酸淀粉具有优异的热稳定性和抗剪切性，可在搅拌和烘烤过程中，维持蛋糕的体积和形状，防止塌陷。同时，其疏水的乙酰基可延缓水分迁移，防止蛋糕老化。

（一）改性淀粉对面团性质的影响

面团是由面粉、水和其他辅料经搅拌混合后形成的高度黏弹性体系。面团的黏弹性主要由面筋蛋白网络结构决定，但淀粉也会对面团性质产生重要影响。面粉中的淀粉在吸水后会逐渐糊化膨胀，填充于面筋网络结构间隙，增加面团的黏度和强度。但天然淀粉在加工过程中容易老化，导致面团品质下降。而经过改性的淀粉，如羟丙基淀粉、乙酰化淀粉等，具有更强的吸水性、热稳定性和抗老化性，可有效改善面团的加工性能和产品品质。

研究表明，在面团中添加一定量的羟丙基淀粉，可提高面团的稳定时间和断裂延展性，减小面筋网络结构的破坏，延缓面团老化。同时，羟丙基淀粉还可增加面团的保水性，延长产品货架期。乙酰化淀粉也具有类似的效果。有学者对比了天然玉米淀粉、羟丙基玉米淀粉和乙酰化玉米淀粉对面团品质的影响，结果表明，乙酰化程度为 0.05 的乙酰化玉米淀粉对面团稳定性的提升效果最佳。

（二）改性淀粉在面条加工中的应用

面条是以小麦粉为主要原料，加入清水揉制而成的面制食品，具有悠久的加工历史。传统工艺生产的面条存在着煮熟后易粘连、口感欠佳等问题。添加改性淀粉是提升面条品质的重要技术手段之一。

研究发现，在普通小麦粉中掺入 5％的羟丙基淀粉，可显著提高面条的韧性、弹性和透明度，改善面条的感官品质。这是因为羟丙基淀粉可增加面条表面的亲水基团，减少面条之间的黏附，同时填充于淀粉颗粒间隙，限制淀粉的溶胀，从而减缓面条老化。

马铃薯淀粉经醋酸酯化改性后，热稳定性和抗剪切性显著增强。在面条加工过程中，1％的醋酸酯化马铃薯淀粉就可有效提高面条的筋性和爽滑度，改善煮熟面条的质地。这是由于醋酸酯基团的引入，降低了淀粉分子间的缔合作用力，淀粉颗粒更易溶胀糊化，从而与面筋蛋白形成均匀稳定的复合体系。

此外，交联改性淀粉也可用于提升面条品质。研究者以磷酸为交联剂制备了不同交联度的木薯淀粉，发现 0.02％的磷酸交联木薯淀粉添加量可使面条的感官评分达到最高。交联后的木薯淀粉具有更高的凝胶强度和透明度，可有效改善面条的口感和外观。

（三）改性淀粉在烘焙食品中的应用

烘焙食品是以面粉为主要原料，经发酵、成型、烘焙等工艺制成的，包括面包、饼干、蛋糕、派等多种类型。淀粉作为面粉的重要组分，对烘焙食品的品质有着关键影响。天然淀粉在加工过程中容易老化失水，导致产品口感变差。而添加改性淀粉可有效改善烘焙食品的新鲜度和货架期。

在面包制作中，淀粉既是面筋的“稀释剂”，又是其“补强剂”。适量的淀粉可稀释面筋，使面包组织疏松；而过量则会破坏面筋网络，导致面包塌陷。羟丙基淀粉可显著提高面包的比容、柔软度和弹性，其最佳添加量为3%～5%。乙酰化淀粉虽对面包比容影响不大，但可明显改善其老化品质。研究表明，乙酰化度为0.05～0.1的马铃薯淀粉，添加量为5%～8%时，可使面包老化速率降低18%～36%。

在饼干工业中，淀粉糊化特性和流变性质与饼干的酥脆性密切相关。饼干的酥脆主要取决于面粉中淀粉和蛋白质的比例。蛋白质含量过高会导致饼干发硬，而淀粉含量过高又会使饼干过于松脆。羟丙基淀粉可增加饼干面团的黏度，延缓淀粉老化，从而改善饼干的酥脆性和货架期。马铃薯和木薯淀粉经羟丙基化改性后，热稳定性和冷冻-解冻稳定性明显增强，可制备出风味独特的饼干新品种。

二、在肉制品中的应用

肉制品，如香肠、火腿、肉糜制品等，也是改性淀粉的重要应用领域。在肉制品中，改性淀粉主要起增稠、乳化、保水、成型等作用，可显著改善肉制品的加工性能和感官品质。

例如，在低脂肪香肠生产中，添加OSA淀粉可部分替代动物脂肪，起到模拟脂肪的作用。OSA淀粉具有优异的乳化性和增稠性，可在香肠体系中形成细小均匀的脂肪颗粒，从而改善其质构和口感。同时，OSA淀粉还可提高香肠的保水性和成型性，防止加工过程中的汁液流失和形变。

又如，在肉糜制品生产中，添加胶磷脂交联淀粉可显著改善其加工性能和冻融稳定性。胶磷脂交联淀粉具有很强的吸水性和保水性，可提高肉糜的持水力，防止加工过程中的水分流失。同时，其交联结构形成的三维网络，可提高肉糜的黏弹性和成型性，改善口感和质构。此外，胶磷脂交联淀粉还具有优异的冷冻-解冻稳定性，可防止肉糜制品在冷冻储藏过程中的品质劣变。

（一）改性淀粉对肉糜加工特性的影响

肉糜是以畜肉为主要原料，经挤压、搅打等机械作用制得的黏稠状物，广泛用于肉丸、香肠等肉制品的生产。肉糜的加工特性如保水性、黏结性、成型性等，直接影响产品的质构和口感。淀粉是重要的肉糜添加剂，天然淀粉虽具有一定的增稠和成型作用，但热稳定性和抗剪切性较差。而经改性后的淀粉，上述缺陷可大幅改善。

有研究对比了马铃薯淀粉、玉米淀粉及其羟丙基化改性产品对鸡肉糜品质的影响。结果表明，羟丙基化淀粉能明显增加肉糜的保水性，降低煮制损失，且羟丙基玉米淀粉的增稠效果优于羟丙基马铃薯淀粉。在相同添加量下，羟丙基化淀粉的硬度、胶黏性和凝聚性均高于其相应的天然淀粉。这可归因于羟丙基的引入，使淀粉分子间形成更多的氢键，从而提高了糊化淀粉的网络结构强度。

醋酸酯淀粉在肉糜体系中也表现出优异特性。研究者以不同酯化度的醋酸酯马铃薯淀粉为添加剂，评价了其对鱼糜凝胶特性的影响。发现添加 0.09～0.18 的中等酯化度醋酸酯淀粉，可获得硬度适中、弹性好、凝胶强度高的鱼糜制品。醋酸酯取代基团的存在，阻碍了淀粉分子的重新聚集，从而抑制老化，有利于维持产品的良好质构。

（二）改性淀粉在低脂肪肉制品中的应用

随着健康饮食观念的深入人心，低脂肪肉制品日益受到青睐。但在减少脂肪的同时，如何保持产品的多汁性、风味和质构是一大技术难题。改性淀粉可部分取代动物脂肪，在保证口感的同时，显著降低产品热量。

以羟丙基淀粉为脂肪替代物，可制备出品质优良的低脂肪肉糜制品。研究发现，以 10％的羟丙基木薯淀粉取代 25％的猪油，香肠的多汁性、质构和风味与全脂样品相当，且热量降低 12％。这是因为糊化的羟丙基淀粉可形成细腻的凝胶颗粒，模拟脂肪球的感官效果。此外，淀粉基质还可包埋香味物质，延缓其挥发，从而增强香肠的风味。

微晶纤维素和可溶性膳食纤维也是常用的肉制品脂肪替代物，但单独使用时存在结构不均匀、口感欠佳等缺陷。将其与改性淀粉复配，可显著改善肉制品的感官品质。例如，以 80％的绒毛樱桃李纤维和 20％的羟丙基酯淀粉复合，作为低脂鲜肉香肠的脂肪替代物，既保证了产品的硬度和弹性，又使脂肪含量下降 50％。

（三）改性淀粉在肉制品乳化体系中的应用

肉制品的乳化特性是影响其质构和稳定性的关键因素。乳化型肉制品中，融入的油脂液滴被亲水性的盐溶性蛋白包裹，形成稳定的油包水型乳化体系。但蛋白质变性或脂肪液滴聚并，会导致乳化体系破坏，引起“油析”现象，产品品质下降。添加改性淀粉可增强乳化稳定性，延缓“油析”。

有研究考察了玉米淀粉、木薯淀粉经羧甲基化改性后，对鸡肉肠乳化特性的影响。结果发现，羧甲基化显著提高了淀粉的乳化活性和乳化稳定性，其中取代度为 0.15 的羧甲基木薯淀粉效果最佳，在 4％添加量时，乳化活性可提高 2.5 倍。可见，羧甲基淀粉与肉蛋白的复合，形成了“双乳化”体系，从而增强了肉糜的整体乳化性能。

磷酸酯淀粉对鲜肉香肠的乳化特性也有改善作用。将中等酯化度（0.01～0.05）的磷酸酯玉米淀粉掺入猪肉糜中，其乳化活性指数和乳化稳定性指数分别提高了 28％和 32％。此外，磷酸酯淀粉还可增加香肠的保水性，减少烹饪损失。这是因为磷酸基团提高了淀粉分子的亲水性，同时，交联的三维网络结构增强了淀粉凝胶的稳定性。

三、在乳制品中的应用

乳制品，如酸奶、冰激凌、奶酪等，是改性淀粉的又一重要应用领域。在乳制品中，改性淀粉主要起稳定、增稠、乳化、控制结晶等作用，可显著改善乳制品的感官品质和货架期。

例如，在酸奶生产中，添加羧甲基淀粉可提高酸奶的黏稠度和稳定性，防止脂肪析出和乳清分离。羧甲基淀粉具有优异的亲水性和分散性，可在酸奶体系中形成均匀细腻的凝胶网络，从而稳定蛋白质和脂肪，改善酸奶的口感和外观。同时，羧甲基淀粉还可提高酸奶的保水性，延缓乳糖结晶，延长货架期。

又如，在冰激凌生产中，添加氧化交联淀粉可显著改善冰激凌的质地和热融稳定性。氧化交联淀粉具有很强的吸水性和增稠性，可提高冰激凌的膨润度和保形性，防止结冰和乳化破坏。同时，其疏水交联结构可阻碍冰晶的形成和长大，改善冰激凌的细腻度和口感。此外，氧化交联淀粉还可延缓冰激凌在储藏过程中的老化变质。

（一）改性淀粉对酸奶品质的影响

酸奶是以新鲜牛乳为原料，经发酵制成的一类乳制品。酸奶中的乳酸菌将乳糖转化为乳酸，使酸奶呈酸性，并形成独特的风味和稠度。但酸奶在储藏过程中会发生乳清析出，使质地变稀，口感变差。添加0.5%～1%的改性淀粉，可有效降低酸奶的乳清析出率。

比较了玉米淀粉、木薯淀粉及其羟丙基化衍生物对酸奶质构的影响。结果表明，0.8%的羟丙基玉米淀粉使酸奶的硬度、黏度和保形性达到最佳，乳清析出率降低72%。而羟丙基木薯淀粉虽保水性更强，但酸奶的质构反而欠佳。研究认为，这与两种淀粉的结构特征有关：玉米淀粉的支链较短，更易形成均匀细腻的凝胶；而木薯淀粉的支链较长，容易聚集，凝胶较粗糙。

交联改性淀粉在提升酸奶稳定性方面也有积极作用。以磷酸为交联剂制备的磷酸酯玉米淀粉，可显著提高酸奶的凝胶强度和保水性。当添加量为0.6%、交联度为0.02时，酸奶的乳清析出率可降低58%，且口感细腻，老化延缓。这是因为磷酸交联限制了淀粉分子的运动，形成更加紧密的网络结构，从而增强了酸奶凝胶的稳定性。

（二）改性淀粉在冰激凌中的应用

冰激凌是一种以乳制品、糖、稳定剂等为原料，经混合、杀菌、均质、老化、凝冻等工艺制成的冷冻甜点。淀粉在冰激凌中起着乳化、稳定和增稠的作用。传统的冰激凌稳定剂如角叉菜胶、刺槐豆胶等，虽具有优异的流变性质，但价格昂贵，来源受限。改性淀粉可部分取代传统稳定剂，在降低成本的同时，改善冰激凌的质构和融化特性。

对比了卡拉胶、羟丙基淀粉、羧甲基淀粉对冰激凌品质的影响。结果发现，0.4%的羟丙基玉米淀粉可使冰激凌的过度值、熔点、保形性达到最优，且滋味纯正，老化延缓。而0.4%的羧甲基马铃薯淀粉虽然过度值更高，但冰激凌结构粗糙，质地不均匀。这可能与羟丙基淀粉具有更强的分散性和保水性有关。

酯化淀粉也是优良的冰激凌添加剂。以3%的中短链脂肪酸（如乙酸、丙酸）酯化的马铃薯淀粉，可显著增加冰激凌的蛋白质和脂肪乳化稳定性，改善其质构和热熔特性。酯基的引入，增加了淀粉分子的疏水性，从而增强了其在冰激凌油-水界面的吸附能力。此外，酯化淀粉还可提供一定的热量，弥补脂肪减少带来的能量缺失。

（三）改性淀粉在干酪中的应用

干酪是将牛乳或其他乳品经凝乳、排乳清、压榨成型、陈化而制成的乳制品。一般根据其质地和风味特点分为硬质干酪和半硬质干酪两大类。淀粉可用作干酪的增稠剂和稳定剂，改善其组织结构和质构特性。但天然淀粉易在干酪加工过程中老化，使产品变硬。而改性淀粉可有效延缓老化，改善干酪的口感。

以0.5%的马铃薯淀粉、乙酰化马铃薯淀粉、羟丙基马铃薯淀粉为原料，加入再制干酪中，评价了它们对干酪质构的影响。结果表明，乙酰化马铃薯淀粉组的干酪硬度最低，质构最细腻，而天然淀粉组的干酪口感最粗糙。这是因为引入的乙酰基破坏了淀粉分子间的氢键，削弱了回生淀粉的结晶性，从而抑制了老化。

交联淀粉对提升干酪质构同样有积极作用。研究发现，以0.02mol/L的磷酸交联的木薯淀粉为原料，制备的干酪具有良好的质构和感官特性，与商品化稳定剂效果相当。磷酸交联提高了淀粉的凝胶强度和保水性，从而增加了干酪的韧性和弹性。

综上所述，改性淀粉在酸奶、冰激凌、干酪等乳制品中具有广阔的应用前景。通过引入特定的取代基团或形成交联结构，可显著改善淀粉的理化特性和功能特性，从而提升乳制品的品质。随着乳制品工业的不断发展，改性淀粉的应用研究必将进一步深入，为创制新型健康乳制品提供技术支撑。

四、在糖果巧克力中的应用

糖果巧克力，如软糖、硬糖、夹心糖等，也是改性淀粉的重要应用领域。在糖果巧克力中，改性淀粉主要起增稠、成型、包埋、防黏等作用，可显著改善糖果的加工性能和感官品质。

例如，在软糖生产中，添加预糊化淀粉可提高软糖的成型性和弹性，改善其质构和口感。预糊化淀粉在加热过程中已经糊化，具有优异的溶解性和增稠性，可在软糖体系中快速溶胀，形成均匀有弹性的凝胶基质，从而赋予软糖理想的质地和形状。同时，预糊化淀粉还可延缓糖的结晶，防止软糖老化变硬。

又如，在夹心糖生产中，添加变性淀粉可显著改善夹心的流变性和触变性。变性淀粉经过化学改性，引入疏水基团，具有独特的流变特性。在静止状态下，变性淀粉赋予夹心较高的屈服应力，使其保持固态；而在剪切作用下，夹心的黏度迅速下降，呈现液态。这种剪切变稀特性，有利于夹心的灌装成型和口感释放。

五、其他食品中的应用

除上述食品外，改性淀粉在其他许多食品中也有广泛应用，如调味品、速食食品、营养强化食品等。

例如，在酱料生产中，添加糯米交联淀粉可显著改善酱料的流变性和稳定性。糯米交联淀粉具有优异的增稠性和透明度，可赋予酱料理想的黏度和光泽。特别是在含有大量盐、糖等电解质的酱料体系中，糯米交联淀粉表现出良好的耐盐、耐酸碱特性，可有效防止酱料变稀、结块或析水。

又如，在膨化食品生产中，添加脂肪酸酯淀粉可显著改善膨化食品的组织结构和口感特性。脂肪酸酯淀粉经疏水改性，其疏水基团可在挤压膨化过程中与淀粉形成疏水缔合，增加体系的熔体强度，从而提高膨化率和膨化度。同时，脂肪酸酯淀粉还可赋予膨化食品酥脆的质地和丰富的风味。

总之，改性淀粉以其优异的理化特性和功能特性在食品工业中得到了广泛应用。通过理性选择改性淀粉的种类和用量，可显著改善食品的感官品质、加工性能和储藏稳定性，提升食品的附加值。同时，改性淀粉在食品工业中的应用，还可实现淀粉资源的高值化利用，促进食品工业的转型升级。此外，随着消费者对食品功能性的日益重视，开发具有生理活性的功能性改性淀粉，如抗性淀粉、缓释淀粉等，将是食品领域改性淀粉应用的重要方向。相信随着淀粉改性技术的不断进步，以及食品科学的深入发展，改性淀粉必将在食品工业中发挥更大的作用，推动食品产业的健康可持续发展。

第二节　改性淀粉在医药领域的应用

淀粉除了作为食品配料，在医药领域也有着广泛应用。天然淀粉虽然具有生物相容性好、毒性低、价格低廉等优点，但是其溶解性差、流动性低，在药物载体和缓控释方面存在局限性。经过物理、化学、酶等方法改性后，淀粉的理化性质和药用功能明显改善，可用于制备口服固体制剂、缓控释制剂、靶向递送系统等新型药物载体。本节将重点介绍改性淀粉在药物制剂、创面敷料和组织工程支架等医药领域的应用。

改性淀粉在医药领域也有广泛的应用前景，主要用作药物辅料和生物材料。与传统的合成高分子相比，淀粉具有来源广泛、价格低廉、生物相容性好、易降解等优点，更符合绿色环保的理念。通过化学、物理、酶解等方法对淀粉进行改性，可赋予其特殊的理化性质和生物学功能，从而满足药物制剂和生物材料的应用要求。

一、作为药物辅料

在药物制剂中，淀粉及其衍生物可用作崩解剂、黏合剂、包衣材料等辅料，对药物的加工性能和释放行为具有重要影响。

例如，预糊化淀粉是一种常用的崩解剂，可促进药物的快速崩解和溶出。预糊化淀粉在加热过程中已经糊化，具有优异的吸水溶胀能力，可在胃肠道中迅速吸水膨胀，从而破坏药物的骨架结构，促进药物的崩解和释放。

又如，羟丙基淀粉是一种常用的黏合剂，可提高药物的成型性和制剂均一性。羟丙基淀粉具有良好的成膜性和黏结性，可在制粒和压片过程中起到黏结药粉、提高硬度的作用。同时，羟丙基淀粉还具有良好的流动性和压缩性，可改善药物的加工性能。

再如，乙酰化淀粉是一种常用的包衣材料，可控制药物的释放行为。乙酰化淀粉经疏水改性，在不同 pH 值条件下表现出不同的溶解性和渗透性。在胃酸环境中，乙酰化淀粉不溶于水，可保护药物不被胃酸破坏；在肠碱性环境中，乙酰化淀粉逐渐溶解，从而实现药物的缓释或控释。

（一）改性淀粉作为崩解剂的应用

崩解剂是口服固体制剂中的关键辅料，可促进药物的溶出和释放。理想的崩解剂应具备溶胀度高、吸水速度快、与主药相容性好等特点。淀粉类崩解剂具有优良的崩解性能和经济性，在药物制剂中得到广泛应用。但天然淀粉吸水速度慢，崩解时间长，难以满足快速崩解制剂的需求。改性淀粉如预糊化淀粉、交联淀粉等，可有效克服上述缺陷。

研究发现，将普通玉米淀粉经喷雾干燥预糊化处理后，其崩解时间由 15min 缩短至 3min，远优于微晶纤维素和交联聚乙烯吡咯烷酮等商品化崩解剂。这是因为预糊化使淀粉颗粒破裂，比表面积增大，从而提高了吸水速度。另外，预糊化淀粉在崩解过程中还可形成黏性凝胶，包裹药物颗粒，防止药物在崩解前发生团聚，进一步改善了崩解性能。

交联预糊化淀粉兼具预糊化和交联双重优势，在快速崩解制剂中备受青睐。以磷酸为交联剂，制备了不同交联度的木薯预糊化淀粉，发现交联度为 0.1%时，淀粉的崩解度和硬度达到最佳平衡，可获得崩解时间小于 20s 的口崩片。交联结构的形成，提高了预糊化淀粉的吸水倍数和溶胀强度，从而进一步增强了其崩解性能。此外，适度的交联还赋予了淀粉良好的流动性和成型性，有利于药物制剂的生产和应用。

（二）改性淀粉作为黏合剂的应用

黏合剂是用于黏合药物颗粒的辅料，对片剂和丸剂的成型起着至关重要的作用。天然淀粉虽然具有一定的黏合性能，但黏度低，难以满足药物制剂的成型要求。羟丙基淀粉、羧甲基淀粉等改性淀粉，具有优异的黏合性能，可用于替代传统的合成黏合剂。

将羟丙基马铃薯淀粉用作复方对乙酰氨基酚片的黏合剂，研究了其羟丙基取代度对制剂性能的影响。结果表明，羟丙基取代度在 0.1～0.2 范围内时，片剂的硬度和崩解时间最优。羟丙基的引入，破坏了淀粉分子内部的氢键，增加了分子链的流动性，从而提高了淀粉的黏合性能。但取代度过高时，淀粉分子间的缔合作用减弱，导致成型性能下降。

羧甲基淀粉也是一种性能优异的黏合剂。以中度取代的羧甲基木薯淀粉为黏合剂，可制备出硬度适宜、崩解迅速的布洛芬片。与羟丙甲纤维素相比，羧甲基淀粉具有更高的塑性和韧性，可赋予药片良好的抗压性和抗折性。另外，羧甲基淀粉还具有更好的热塑性，在热榨法制备丸剂时，可显著提高制丸效率。

（三）改性淀粉在缓控释制剂中的应用

缓控释制剂可延长药物在体内的滞留时间，减少给药频次，提高患者依从性。淀粉及其衍生物以其良好的生物相容性和生物降解性，在缓控释给药系统中得到广泛应用。但天然淀粉溶胀性差，对药物的包埋和缓释作用有限。而经接枝共聚、酯化/醚化等方法改性后，淀粉的溶胀性、成膜性、缓释性能显著提高。

研究者以丙烯酰胺为接枝单体，制备了接枝度不同的接枝玉米淀粉，将其用作 5-氟尿嘧啶缓释片的骨架材料。结果发现，接枝共聚物的溶胀度随接枝度的提高而增大，药物释放速率随之降低。当接枝度为 15%时，药物的释放持续 24h 以上，基本满足口服缓释制剂的要求。共聚物网络结构的形成，增加了骨架材料对药物的包埋能力，同时提高了水化膜的强度和完整性，从而实现了药物的缓慢释放。

乙酰化淀粉也可用于构建口服缓释给药系统。将乙酰化度为 2.03 的马铃薯淀粉用作吲哚美辛缓释片的基质，通过优化骨架的孔隙率和厚度，获得了约 12h 的药物缓释曲线，生物利用度较普通片剂提高 20%以上。研究表明，乙酰基的引入，提高了淀粉的疏水性和成膜性，同时减弱了淀粉凝胶的黏度，有助于药物的渗透和扩散，从而实现了理想的缓释效果。

二、作为药物载体

改性淀粉不仅可用作药物辅料，还可作为药物载体，实现药物的靶向递送和控释给药。与传统的脂质体、高分子胶束等载体相比，淀粉基载体具有制备工艺简单、封装率高、生物相容性好等优点。

例如，壳聚糖接枝淀粉是一种温敏性药物载体，可实现药物的温度触发释放。常温下，壳聚糖接枝淀粉呈现疏水性，可将疏水性药物包封在内核中；当温度升高至体温时，壳聚糖接枝淀粉转变为亲水性，使载体溶胀，药物扩散释放。这种温敏性载体可用于肿瘤的热疗给药。

又如，环糊精接枝淀粉是一种多功能药物载体，可提高药物的溶解性和稳定性。环糊精接枝淀粉利用环糊精的疏水腔道和淀粉的亲水骨架，可包合疏水性药物，提高其水溶性；同时，环糊精的空腔还可防止药物分子间的聚集，提高其化学稳定性。此外，环糊精接枝淀粉还可通过静电作用、氢键作用等，实现药物分子的可控释放。

三、作为创面敷料

改性淀粉还可用于制备创面敷料，促进伤口的愈合。与传统的纱布、膏药等敷料相比，淀粉基敷料具有吸湿透气、止血抗菌、促进组织再生等优点，更有利于伤口的修复。

例如，氧化淀粉是一种常用的伤口敷料材料，可加速伤口愈合。氧化淀粉经过氧化处理，在淀粉分子上引入醛基和羧基，具有优异的吸湿性和生物活性。氧化淀粉敷料可吸收渗出液，保持伤口清洁干燥；同时，氧化淀粉还可通过残基间的交联，形成多孔结构，利于细胞的黏附和增殖，从而促进肉芽组织的生长和上皮化。

又如，银离子接枝淀粉是一种抗菌伤口敷料，可防止伤口感染。银离子具有广谱抗菌活性，对多种致病菌都有较强的杀灭作用。将银离子接枝到淀粉分子上，可赋予敷料材料持久的抗菌性能。银离子接枝淀粉敷料可控制银离子的缓释，在伤口局部形成适宜的银离子浓度，从而抑制细菌的生长，降低伤口感染的风险。

（一）改性淀粉水凝胶敷料

水凝胶敷料具有良好的吸湿性、柔韧性和透湿性，在创面修复领域备受关注。天然淀粉虽可形成凝胶，但机械强度低，难以维持敷料的完整性。经接枝共聚、交联等方法改性后，淀粉水凝胶的力学性能显著提升，且保湿锁水性能优异，有望满足创面敷料的多方面需求。

以丙烯酸为接枝单体，偏重亚硫酸钠为引发剂，制备了接枝度为38.6%的接枝马铃薯淀粉，并用环氧氯丙烷交联，制得淀粉-丙烯酸水凝胶敷料。与纯淀粉水凝胶相比，接枝交联凝胶的溶胀度提高3.6倍，断裂伸长率增加1.8倍，且具有更好的回弹性和韧性。体外细胞实验表明，该敷料无细胞毒性，且能显著促进成纤维细胞的增殖。大鼠皮肤缺损模型研究发现，经凝胶敷料覆盖14天，伤口愈合率达85.3%，明显高于纱布对照组。

将壳聚糖接枝到羧甲基淀粉上，再与明胶复配，可制备出兼具优异吸湿性和抗菌性的水凝胶敷料。研究发现，淀粉/壳聚糖/明胶复合水凝胶的溶胀率高达800%，且对金黄色葡萄球菌和大肠杆菌均有抑制作用，与商品化敷料效果相当。值得一提的是，所制备的水凝胶还具有良好的体温响应性，有望实现药物的可控释放。

（二）改性淀粉纳米纤维敷料

电纺纳米纤维具有高比表面积和多孔结构，在创面修复领域显示出巨大潜力。将淀粉或其衍生物与其他高分子复合，可赋予纳米纤维良好的力学性能和生物学性能。其中，淀粉的改性方式和程度对纤维形貌和性能有显著影响。

以玉米淀粉为原料，经酯化改性制备纳米纤维敷料，考察了酯化度对纤维形貌和性能的影响。结果表明，乙酰化和丁酰化可显著提高淀粉的电纺性能，且纤维直径随取代度的增加而减小。当乙酰化度为 2.03、丁酰化度为 0.94 时，纤维平均直径最小（148nm），比表面积和孔隙率最大，分别为 38.2m^2/g 和 84.5%。取代基团的引入，破坏了淀粉分子内部的氢键，提高了体系的疏水性，从而改善了淀粉的成纤性能。

淀粉/聚乙烯醇电纺纳米纤维在创面修复中也显示出良好的应用前景。研究发现，质量比为 1∶1 的预糊化淀粉/聚乙烯醇纳米纤维具有最佳的电纺性能，纤维平均直径为 135nm，无卷曲现象。大鼠皮肤全层缺损模型研究表明，经纳米纤维敷料覆盖 14 天，创面愈合率达 91.2%，明显高于纱布对照组；组织学检查显示，纤维覆盖组的表皮再生和胶原沉积程度优于对照组。

值得一提的是，将药物、生长因子等封装到改性淀粉纳米纤维中，可进一步提高创面敷料的促愈合效果。例如，将碳青霉烯封装到羟丙基淀粉/聚乳酸电纺纳米纤维中，可显著提高药物的体外释放性能和生物利用度。大鼠皮肤感染模型研究发现，经复合纳米纤维敷料覆盖 3 天，创面的金黄色葡萄球菌定植数量较对照组降低 2 个数量级，且细菌清创率提高 30%以上。可见，改性淀粉基纳米纤维有望成为集抑菌、促愈合、给药于一体的新型创面敷料。

四、作为组织工程支架

改性淀粉还是组织工程支架的理想材料，可用于体外构建人工组织器官。组织工程支架不仅要具备适宜的力学强度和降解性能，还要具有良好的细胞相容性和诱导活性。淀粉经过改性，可调控其理化性质和表面特性，从而满足组织工程支架的性能要求。

例如，磷酸酯化淀粉是一种常用的骨组织工程支架材料。磷酸酯化可在淀粉分子上引入磷酸基团，提高其生物活性和矿化能力。磷酸酯化淀粉支架植入体内后，表面的磷酸基团可诱导骨细胞的黏附和增殖，加速支架的成骨矿化，从而促进骨缺损的修复。同时，磷酸酯化淀粉还具有可控的降解性能，其降解产物无毒无害，可被机体代谢吸收。

又如，明胶交联淀粉是一种柔性软骨组织工程支架材料。软骨组织修复对支架的柔韧性和细胞外基质模拟性有较高要求。明胶交联淀粉利用明胶的优异细胞相容性和淀粉的可塑性，可制备兼具柔韧性和多孔性的复合支架。明胶交联淀粉支架不仅可以为软骨细胞提供类似软骨基质的微环境，还可诱导软骨细胞的分化成熟，促进新生软骨组织的形成。

（一）改性淀粉在骨组织工程支架中的应用

骨组织工程支架的设计，需兼顾材料的力学性能和生物学性能。理想的支架应具有与骨组织相匹配的机械强度和弹性模量，同时能够促进成骨细胞的黏附、增殖和分化。将改性淀粉与其他天然或合成高分子复合，可制备出兼具优异力学性能和生物学性能的复合支架。

以玉米淀粉为原料，经氧化和交联制备多孔支架，将其与羟基磷灰石复合，可获得力学性能优异的骨组织工程支架。扫描电镜观察发现，复合支架的孔径为 100～400μm，孔隙率高达 85%，且孔壁粗糙，有利于细胞的黏附。力学测试表明，氧化交联显著提高了支架的抗压强度和弹性模量，且随羟基磷灰石含量的增加而升高。当羟基磷灰石添加量为 30%时，支架的抗压强度达 5.2MPa，弹性模量达 96MPa，与天然松质骨相当。

淀粉/聚乳酸复合多孔支架也是优异的骨组织工程材料。将高铵法制备的马铃薯淀粉接枝 L-乳酸，再与聚乳酸共混，制得多孔支架。扫描电镜观察发现，淀粉含量为 30%时，支架的孔径均一（孔径 150～250μm），孔隙率高达 92%。体外降解实验表明，支架在磷酸缓冲液中的降解速率随淀粉含量的增加而加快。大鼠颅骨缺损修复实验发现，复合支架可有效诱导新骨再生，植入 8 周后，新骨面积分数达 38.6%，明显高于单一材料支架。可见，淀粉和聚乳酸的复合，在改善支架力学性能的同时，还赋予了材料良好的成骨诱导活性。

（二）改性淀粉在软骨组织工程支架中的应用

软骨组织工程支架的设计，除了考虑支架的力学性能，还需重点关注其亲水性、通透性等特性对软骨细胞外基质形成的影响。将淀粉及其衍生物与胶原、透明质酸等天然高分子复合，可制备出兼具优异力学性能和生物学性能的软骨组织工程支架。

研究发现，淀粉/胶原/透明质酸复合水凝胶是优异的软骨组织工程支架材料。首先，将玉米淀粉、胶原、透明质酸按一定比例混合，再用 1-乙基-（3-二甲基氨基丙基）碳二亚胺盐酸盐和 N-羟基琥珀酰亚胺活化，制备复合水凝胶支架。扫描电镜观察表明，支架具有互联的大孔结构，孔径为 80～200 μm。流变学测试发现，复合支架的储能模量和损耗模量随应变的增大而增加，表现出典型的剪切变稠行为，与天然软骨相似。大鼠软骨缺损修复实验表明，复合支架可有效促进软骨细胞外基质的沉积，植入 12 周后，新生软骨组织的甘氨酸、羟脯氨酸含量分别是空白对照组的 2.3 倍和 1.8 倍。

双网络水凝胶支架也是软骨组织工程的研究热点。马铃薯淀粉经接枝丙烯酰胺制备的双网络水凝胶，因其优异的力学性能和润滑性能，在软骨修复领域显示出巨大潜力。流变学测试发现，双网络水凝胶的储能模量高达 1.2MPa，且具有低摩擦因数（0.03），可有效承载和传递关节运动时的载荷。家兔软骨缺损修复研究表明，双网络支架可有效降低关节积液，改善关节活动度。植入 24 周后，软骨缺损修复率达 87.5%，新生软骨组织累及亚全层，且与周围软骨结合紧密。

（三）改性淀粉在心血管组织工程支架中的应用

心血管组织工程支架的设计，需重点考虑支架的柔顺性和抗血栓性。将淀粉及其衍生物与聚醚、聚氨酯等合成高分子复合，可制备出兼具优异力学性能和抗血栓性能的心血管组织工程支架。

预糊化淀粉/聚醚多元醇热塑性弹性体是优异的心血管支架材料。将马铃薯预糊化淀粉、聚醚多元醇按 3∶7 的质量比共混，经熔融挤出成型，制得小口径血管支架。力学性能测试表明，支架的拉伸强度为 21MPa，断裂伸长率高达 753%，且具有良好的弹性回复性能。血液相容性评价发现，支架材料表面的血小板黏附数量明显低于纯聚醚对照组，且血栓重量仅为对照组的 12.5%。离体循环实验表明，支架植入猪颈动脉后，管腔通畅，无血栓形成。组织学观察发现，移植 4 周后，支架内膜光滑，内皮细胞铺路良好，与周围组织愈合紧密。

淀粉/聚氨酯复合纳米纤维也是优异的血管支架材料。将玉米淀粉、聚醚型聚氨酯按 1∶9 的质量比共混，经静电纺丝制得纳米纤维管状支架。扫描电镜观察发现，纤维支架高度取向，纤维直径为 80～200 nm，孔径为 1～2μm。力学性能测试表明，复合纤维支架的拉伸强度和断裂伸长率分别达 12.3MPa 和 635%，且具有良好的抗疲劳性能。体外细胞实验表明，纤维支架对内皮细胞无明显毒性，可有效促进细胞在支架表面的铺展。大鼠腹主动脉置换实验发现，移植 3 个月后，纤维支架内膜光滑，无明显炎性反应，新生血管密度明显高于扩张聚四氟乙烯对照组。

综上所述，改性淀粉在骨、软骨、心血管等组织工程支架领域显示出良好的应用前景。通过共混改性和复合改性，可赋予淀粉支架优异的力学性能、生物相容性和降解性能，从而满足不同组织器官修复和再生的需求。随着淀粉改性技术的不断进步，基于改性淀粉的组织工程新材料必将不断涌现，为人体组织和器官的修复重建提供新的解决方案。

五、其他医药应用

除了上述应用外，改性淀粉在医药领域还有其他许多应用，如诊断试剂、血液净化材料、牙科材料等。

例如，荧光标记淀粉可用作诊断试剂，实现特定物质的检测和成像。将荧光基团接枝到淀粉分子上，可赋予其特异的荧光性能。荧光标记淀粉通过与待测物质的特异性结合，可实现高灵敏度、高选择性的检测，在疾病诊断、药物筛选等领域有广阔的应用前景。

又如，巯基化淀粉可用作血液净化材料，去除体内有害物质。巯基化可在淀粉分子上引入巯基，提高其络合能力。巯基化淀粉通过巯基与重金属离子、放射性核素等有害物质形成配位键，可将其从血液中选择性去除，从而达到解毒净化的目的。巯基化淀粉血液净化材料具有吸附容量大、选择性好、生物相容性优异等特点，在急慢性中毒救治中有重要应用。

总之，改性淀粉以其独特的理化性质和生物学特性，在医药领域表现出广阔的应用前景。无论是作为药物辅料、药物载体，还是作为创面敷料、组织工程支架，改性淀粉都能发挥重要作用，为药物制剂和生物材料的开发提供新的思路和方法。同时，将改性淀粉与其他功能材料复合，有望开发出性能更加优异的医用材料，如导电淀粉、仿生矿化淀粉等，进一步拓宽其应用范围。此外，开发具有特殊生理活性的功能性改性淀粉，如免疫调节淀粉、抗肿瘤淀粉等，将是今后改性淀粉在医药领域的重要发展方向。相信随着淀粉化学和材料科学的不断进步，改性淀粉必将在医药领域发挥更大的作用，推动生物医用材料的创新发展。

第三节　改性淀粉在其他领域的应用

除了食品和医药领域外，改性淀粉在其他许多领域也有广泛的应用，如造纸、纺织、石油开采、个人护理等。利用淀粉的多样化改性技术，可针对不同行业的需求，开发出性能各异的专用淀粉产品，从而拓宽淀粉的应用领域，提升淀粉的附加值。

一、在造纸工业中的应用

在造纸工业中，淀粉是最常用的施胶剂和表面施胶剂，对提高纸张的强度和印刷适性具有重要作用。然而，天然淀粉存在着絮凝性差、保水性低、施胶量大等缺陷，难以满足造纸工艺的要求。因此，需要对淀粉进行改性，以改善其理化性质和施胶性能。

例如，阳离子淀粉是一种常用的造纸施胶剂，可显著提高纸浆的絮凝性和滤水性。阳离子淀粉通过接枝季铵盐基团，在淀粉分子上引入正电荷，从而增强其与带负电的纤维和填料的静电吸附作用，促进纸浆的絮凝和脱水。阳离子淀粉不仅可提高纸张的干强度和湿强度，还可改善纸张的尘埃度和匀度。

又如，两性离子淀粉是一种新型表面施胶剂，可同时提高纸张的强度和吸墨性。两性离子淀粉通过同时接枝阳离子基团和阴离子基团，使淀粉分子带有两性电荷。施胶时，两性离子淀粉可通过静电作用吸附到纸张表面，形成均匀致密的涂层。该涂层不仅可增强纸张的表面强度和尘埃度，还可控制纸张的吸墨速率和吸墨量，从而改善其印刷适性。

（一）阳离子淀粉在造纸施胶中的应用

纤维素纤维因含有大量羧基和羟基，呈负电性。而天然淀粉在水溶液中不带电荷，因此吸附能力有限。阳离子淀粉引入了季铵盐基团，可通过静电相互作用吸附到纤维表面，从而增强纸张强度。目前，用于制备阳离子淀粉的改性试剂主要包括2，3-环氧丙基三甲基氯化铵（ETA）、3-氯-2-羟丙基三甲基氯化铵（CHPTAC）等。

以CHPTAC为改性剂，制备了不同取代度的马铃薯阳离子淀粉，考察了其对纸浆施胶性能的影响。结果发现，随着取代度的提高，淀粉的Zeta电位逐渐升高，在取代度为0.035时达到＋32mV。施胶实验表明，在添加量为1％时，阳离子淀粉的吸附率高达93％，明显优于天然淀粉。纸张物理力学性能测试发现，阳离子淀粉使纸张的抗张指数、耐破指数和撕裂指数分别提高了38％、27％和21％。另外，阳离子淀粉还可显著改善纸张的表面强度和耐水性。

将CHPTAC和ETA复配制备改性淀粉，可在提高淀粉阳离子度的同时，赋予其疏水性，从而进一步改善施胶效果。研究发现，当CHPTAC和ETA的摩尔比为2∶1时，所制备的玉米阳离子淀粉的吸附率高达96％，Zeta电位高达＋45mV。在添加量为0.8％时，复配阳离子淀粉使纸张的抗张指数和耐破指数分别提高了46％和38％，且施胶纸张的耐水性明显优于单一阳离子淀粉。

（二）接枝淀粉在造纸施胶中的应用

在淀粉分子上接枝亲水性或疏水性高分子链，可显著改善淀粉的分散性、保水性和界面活性，从而提高其对纤维的吸附能力和成膜性能。常用的接枝单体包括丙烯酰胺、丙烯酸、苯乙烯等。其中，丙烯酰胺接枝淀粉在造纸施胶中的应用最为广泛。

以过硫酸铵为引发剂，制备了接枝度不同的马铃薯-丙烯酰胺接枝淀粉，将其用于牛皮纸施胶，考察了接枝度对施胶效果的影响。结果表明，随着接枝度的提高，淀粉的吸附率逐渐升高，在接枝度为15％时达到最大值（92％）。纸张物理力学性能测试发现，接枝淀粉明显优于天然淀粉，在添加量为1％时，接枝度为15％的淀粉使纸张的抗张指数、耐折度和撕裂指数分别提高了52％、68％和35％。

值得一提的是，将阳离子基团引入接枝淀粉中，可在提高吸附能力的同时，赋予淀粉更多功能特性。研究发现，在淀粉上接枝甲基丙烯酸-β-甲基丙烯酰氧乙基三甲基氯化铵共聚物，可制备出兼具优异吸附性和抗菌性的阳离子接枝淀粉。在添加量为1％时，该淀粉对金黄色葡萄球菌和大肠杆菌的抑菌率分别达到96.3％和94.1％，且施胶纸张的抗张指数和耐破指数分别提高了48％和42％。

二、在纺织工业中的应用

在纺织工业中，淀粉是常用的上浆剂和整理剂，对改善纱线和织物的加工性能和使用性能具有重要作用。传统的天然淀粉上浆存在着浆膜硬脆、与织物黏结力差、用量大等缺陷，因此需要对淀粉进行改性，以提高其上浆性能和整理效果。

例如，氧化淀粉是一种常用的织物上浆剂，可显著改善纱线的可织性和织造效率。氧化淀粉经过氧化处理，在淀粉分子上引入醛基和羧基，具有优异的成膜性和黏结性。氧化淀粉上浆后，可在纱线表面形成均匀光滑的浆膜，提高纱线的抗磨性和耐久性，同时还可改善织物的柔软度和蓬松度。

又如，接枝淀粉是一种多功能整理剂，可赋予织物防皱、抗菌、阻燃等特殊功能。采用辐射接枝、化学接枝等方法，可在淀粉分子上接枝多种功能基团，从而实现织物的功能化整理。例如：接枝聚甲基丙烯酸甲酯的淀粉整理剂，可赋予织物持久的防皱免烫性能；接枝壳聚糖的淀粉整理剂，可赋予织物优异的抗菌和除臭性能；接枝膦酸基团的淀粉整理剂，可赋予织物良好的阻燃性能。

（一）醚化淀粉在印染增稠中的应用

通过引入醚基，可显著提高淀粉的溶解性和稳定性，适用于活性染料和分散染料的印染增稠。常见的醚化试剂有环氧乙烷、环氧丙烷等。其中，羟丙基淀粉具有优异的增稠性能和成膜性能，在棉织物活性染料印花中得到广泛应用。

比较了马铃薯和木薯羟丙基淀粉的印染增稠性能。结果发现，两种淀粉的最佳取代度均为0.4，此时淀粉糊液的表观黏度最高。染色实验表明，在添加量为4%时，羟丙基马铃薯淀粉的染料固着率为86%，优于羟丙基木薯淀粉（81%）。这可能与马铃薯淀粉的支链结构更有利于形成均匀稳定的糊液有关。

以环氧丙烷为醚化剂，制备了不同取代度的羟丙基玉米淀粉，考察了取代度对其增稠性能和抗迁移性的影响。流变学测试发现，在取代度为0.45时，淀粉糊液的表观黏度、储能模量和屈服应力达到最大，此时印花颜色的L值最高，a和b^*值最低，说明印花效果最佳。此外，羟丙基淀粉的抗迁移性能随取代度的提高而增强，在取代度为0.45时，抗迁移率高达92%。

（二）酯化淀粉在印染增稠中的应用

通过引入酯基，可提高淀粉的疏水性和热塑性，适用于分散染料、酸性染料的印染增稠。常用的酯化试剂有乙酸酐、丁二酸酐等。其中，乙酰化淀粉具有优异的流变性和成膜性，在化纤织物印染中得到广泛应用。

比较了玉米、小麦、马铃薯乙酰化淀粉的增稠性能。结果发现，乙酰化度在0.5～1.5范围内时，三种淀粉均表现出良好的增稠性能，且随乙酰化度的提高而增强。在相同取代度下，马铃薯乙酰化淀粉的表观黏度最高，其次是小麦和玉米乙酰化淀粉。印染实验表明，乙酰化淀粉的最佳添加量为6%，此时涤纶织物的染色强度和匀染性最佳。

将长链脂肪酸（如油酸、硬脂酸）接枝到淀粉上，可赋予淀粉优异的流变性和柔软性。研究发现，接枝度为6%的油酸酯淀粉，其糊液的表观黏度是天然淀粉的3倍，且糊液的剪切变稀行为更加明显。涤纶织物印染实验表明，油酸酯淀粉的最佳添加量为5%，印花织物的色牢度达到4～5级，手感柔软，耐水洗性能优异。

（三）交联淀粉在印染增稠中的应用

通过交联反应，可提高淀粉分子链的刚性和稳定性，从而改善其耐剪切性和抗酸碱性。常用的交联剂有环氧氯丙烷、磷酸三聚氰胺等。其中，环氧氯丙烷交联淀粉具有优异的增稠性和成膜性，在棉、麻织物印染中得到广泛应用。

以环氧氯丙烷为交联剂，制备了不同交联度的木薯淀粉，考察了交联度对其流变性能和增稠性能的影响。结果发现，交联度在0.02～0.1范围内时，淀粉糊液的表观黏度、屈服应力和触变恢复率随交联度的提高而增大。印染实验表明，在交联度为0.05、添加量为5%时，棉织物印花效果最佳，织物的色牢度达到4级以上。

磷酸三聚氰胺交联玉米淀粉也是优异的纺织印染增稠剂。研究发现，交联玉米淀粉的耐酸碱性明显优于天然淀粉，在pH值为3～11范围内均能保持稳定的黏度。此外，交联玉米淀粉的抗电解质能力也显著增强，在NaCl浓度为0.5mol/L时，其黏度仍是天然淀粉的2倍以上。棉织物活性染料印花实验表明，交联玉米淀粉的最佳添加量为6%，印花织物的色牢度达到4～5级，且手感柔软，水洗牢度优异。

三、改性淀粉在油田化学中的应用

在石油开采过程中，需要向油井中注入大量驱油剂，以提高原油的采收率。聚合物驱油剂具有优异的增黏能力和抗剪切性能，在三次采油中得到广泛应用。但合成聚合物如聚丙烯酰胺等存在价格昂贵、环境污染大等问题。淀粉价格低廉，生物相容性好，逐渐成为聚合物驱油剂的理想替代品。但天然淀粉溶解性差，抗盐性低，难以适应高矿化度油藏的需求。经接枝共聚、氧化交联等方法改性后，淀粉驱油剂的溶解性、耐温耐盐性和抗剪切性能显著提高，逐渐成为三次采油的新宠。下面将重点介绍改性淀粉驱油剂在高温高盐油藏、低渗透油藏中的应用。

（一）改性淀粉驱油剂在高温高盐油藏中的应用

高温高盐油藏是指地层温度高于80℃，矿化度高于5×10^4 mg/L的特殊油藏。这类油藏中，常规的淀粉驱油剂易发生降解，驱油效果差。而经亲水性单体接枝改性后的淀粉，溶解性和抗盐性明显提高，可适应高温高盐油藏驱油的需求。

研究发现，接枝度为25%的马铃薯-丙烯酰胺接枝物，在矿化度高达15×10^4 mg/L的地层水中，黏度仍可达到15.2 mPa·s，是天然淀粉的3倍多。驱油模拟实验表明，在地层温度为95℃，矿化度为10×10^4 mg/L时，1000mg/L马铃薯-丙烯酰胺驱油剂的采收率达到 68.5%，比水驱提高了 36.8%。

磺酸基也可通过接枝共聚引入淀粉分子中，从而大幅提高其耐温耐盐性。以 2-丙烯酰胺-2-甲基丙磺酸为接枝单体，制备了玉米淀粉磺酸接枝物，发现其在 120℃、矿化度 20×10^4 mg/L 条件下，黏度仍可保持在 8.5 mPa·s 以上。现场驱油试验表明，1500mg/L 磺酸接枝淀粉驱油液，可使辽河油田某区块油井的产液量提高 2.5 倍，采收率提高了 31.6%。

（二）改性淀粉驱油剂在低渗透油藏中的应用

低渗透油藏是指渗透率低于 $50\times10^{-3}\mu m^2$ 的特殊油藏。这类油藏中，驱油液易发生机械滞留和颗粒滞留，导致驱油效率低下。而经交联改性后的淀粉，分子质量和流变性明显提高，可有效克服低渗透油藏驱油的瓶颈。

改性淀粉在造纸、印染、石油开采等诸多领域展现出广阔的应用前景。通过化学改性，可显著改善淀粉的溶解性、流变性、表面活性等特性，从而满足不同行业的功能性需求。随着淀粉改性技术的不断进步，改性淀粉的应用领域必将不断拓展，为淀粉产业的转型升级提供新的契机。

淀粉作为自然界最丰富的天然高分子之一，在食品、医药、化工等诸多领域有着广泛应用。但天然淀粉在加工和应用过程中常存在一些缺陷，如老化严重、黏度不稳定、与其他成分相容性差等，难以完全满足日益多元化的社会需求。而经物理、化学、酶等方法改性后，淀粉的理化性质和功能特性可得到显著改善和提升，从而极大地拓宽了其应用范围。

本章系统地综述了改性淀粉在食品、医药及其他领域的研究进展。在食品工业中，改性淀粉可显著改善面制品的加工性能、肉制品的质构和乳制品的稳定性，提升食品的感官品质和货架期。在医药领域，改性淀粉可用于创制新型药物载体、创面敷料和组织工程支架，在药物缓控释、伤口愈合和组织修复方面展现出巨大潜力。在其他领域如造纸、印染、石油开采等，改性淀粉以其优异的吸附性、增稠性和驱油性，逐渐取代部分合成材料，推动了相关行业的绿色可持续发展。

随着绿色化学理念的深入人心，淀粉等可再生资源的开发利用正成为国际研究热点。未来，随着淀粉改性技术的不断创新，基于改性淀粉的新材料、新工艺、新产品将不断涌现，为淀粉产业的转型升级提供源源不断的动力。同时，改性淀粉在环境治理、新能源等战略性新兴领域的应用研究，也将成为未来发展的重要方向。只有立足于国情，发挥自身优势，走产学研结合的道路，才能不断提升我国淀粉产业的核心竞争力，实现创新驱动、绿色发展的宏伟目标。

第五章　淀粉的检测与表征技术

第一节　淀粉含量的测定方法

淀粉是自然界最丰富的天然高分子之一，广泛存在于谷物、块茎、豆类等植物体内。淀粉不仅是人类重要的食物来源和能量供给，在医药、化工、纺织等诸多领域也有广泛应用。淀粉的加工与应用离不开对其组成、结构、性质等的准确表征与评价。科学、规范的淀粉检测技术，是保障淀粉产品质量，发挥其应用功能，开发新型淀粉基材料的重要基础。本章系统地介绍了淀粉含量测定、结构性质表征、流变特性分析、老化特性评价等方面的原理和方法，可为淀粉科学与技术工作者提供实用的参考和指导。

淀粉含量是评价淀粉原料品质和加工过程控制的重要指标，也是淀粉产品定价和贸易的基本依据。准确测定淀粉含量，对于淀粉的加工利用和质量控制至关重要。目前，淀粉含量的测定方法主要有物理法、化学法和仪器法等。

一、淀粉含量测定概述

（一）淀粉含量的定义与意义

淀粉含量的高低直接影响淀粉原料的收购价格、淀粉产品的质量等级和经济价值。此外，在淀粉基础研究中，淀粉含量也是进行结构解析、性质评价、功能开发的重要参数之一。

（二）淀粉含量测定的原理

淀粉含量的测定，主要是基于淀粉的以下理化性质：

（1）淀粉在酸、碱、酶等作用下，可水解为葡萄糖或麦芽糖等还原性糖，还原性糖含量与淀粉含量呈正相关。

(2) 淀粉分子中的葡萄糖残基含有大量羟基，具有旋光性，旋光度的大小与淀粉浓度呈正比。

(3) 淀粉分子中的O—H、C—H等基团在近红外区有特征吸收峰，吸光度与淀粉浓度呈正相关。

因此，可通过还原糖含量的滴定、溶液旋光度的测定、近红外光谱的采集等方法，建立淀粉含量的定量分析模型，实现淀粉含量的快速准确测定。

(三) 淀粉含量测定的方法分类

目前，淀粉含量的测定方法主要有化学分析法和仪器分析法两大类。化学分析法以直接滴定法应用最广，原理简单，设备要求低，是淀粉含量测定的经典方法和对照方法。仪器分析法主要包括偏振光法、近红外光谱法等，具有快速、准确、重复性好等优点，是淀粉含量测定的发展方向。但仪器分析法对样品预处理和检测条件要求较高，模型的建立和维护也较为复杂。

(四) 淀粉含量测定的样品制备

淀粉含量测定的样品制备流程包括以下方面：

(1) 采样：根据待测物料的批量和性状，采用多点抽样法或偏差最小方法进行采样，采样量不少于100 g。

(2) 粉碎：将样品置于研钵中，用研杵充分研细，颗粒度应小于或等于0.2 mm。

(3) 过筛：将粉碎后的样品全部过0.2 mm标准筛，收集筛下物。

(4) 混匀：将筛下物置于样品瓶中，盖紧瓶盖，充分振摇，混匀后备用。

样品制备过程中应注意减少水分的吸收或丢失，并避免杂质的引入。制备后的样品应尽快进行含量测定，否则应置于干燥器中保存。

二、直接滴定法测定淀粉含量

(一) 原理

淀粉在酸的作用下可完全水解为葡萄糖。水解液中葡萄糖的含量可用费林试剂滴定测定。费林试剂是由铜盐和酒石酸钾钠等组成的碱性溶液，可将还原性糖氧化成酸，自身则被还原成亚铜盐沉淀。水解液中葡萄糖含量越高，消耗的费林试剂越多。据此可建立葡萄糖含量与费林试剂消耗量的线性关系。再根据淀粉完全水解成葡萄糖的化学计量比，换算出淀粉的含量。

(二) 试剂

(1) 0.1 mol/L费林试剂：称取105 g酒石酸钾钠溶于500 mL水中，加入40 g硫酸铜溶解，再加入250 g氢氧化钠溶液（500 g/L），混匀后定容至1000 mL。

(2) 1%可溶性淀粉指示剂：称取 1 g 可溶性淀粉，用少量水调成糊状，缓缓倒入 50 mL 沸水中，煮沸 2 min，冷却后加水稀释至 100 mL。

(3) 4 mol/L 盐酸：量取 340 mL 浓盐酸，缓缓加入 400 mL 水中，冷却后再加水稀释至 1000 mL。

(4) 0.1 mol/L 硫代硫酸钠标准滴定溶液：称取 26 g 硫代硫酸钠溶于新煮沸冷却的水中，加入 0.2 g 碳酸钠，混匀后定容至 1000 mL，储存于棕色试剂瓶中，一周后标定。

(5) 1%淀粉标准溶液：准确称取基准淀粉 1.000 g，用 10 mL 水调成糊状，缓缓倒入 50 mL 沸水中，煮沸 2 min，冷却后定容至 100 mL，现用现配。

（三）仪器设备

(1) 酸式滴定管：25 mL。

(2) 恒温水浴锅。

(3) 电热板。

(4) 具塞三角烧瓶：250 mL。

(5) 玻璃毛刺漏斗。

(6) 量筒：100 mL。

(7) 移液管：5 mL、10 mL。

(8) 滴定管：50 mL。

(9) 蒸馏水发生器。

（四）操作步骤

(1) 试样溶液的制备：称取 0.1～0.5 g 试样（含水量不超过 14%），精确至 0.0002 g，置于具塞三角烧瓶中，加入 100 mL 蒸馏水，摇匀。再加入 10 mL、4 mol/L 盐酸，混匀。将三角烧瓶置于沸水浴中，加热 60 min，偶尔摇动。水解完毕后，趁热用氢氧化钠溶液（400 g/L）中和至酚酞终点，冷却后，定容至 250 mL，摇匀，过滤，取续滤液备用。

(2) 滴定：移取 25 mL 费林试剂于 250 mL 锥形瓶中，加入 50 mL 蒸馏水，混匀，加热至 70 ℃～80 ℃。在不断搅拌下，以 1 mL/s 的速度滴加试样溶液，直至溶液呈现微黄色。再滴加 1～2 滴 1%可溶性淀粉指示剂，继续滴定至蓝色消失。记录试样溶液的消耗量。

(3) 空白试验：移取 25 mL 费林试剂于 250 mL 锥形瓶中，加入 50 mL 蒸馏水，混匀，加热至 70 ℃～80 ℃。滴加 2～3 滴 1%可溶性淀粉指示剂，搅拌下，用 0.1 mol/L 硫代硫酸钠标准滴定溶液滴定至蓝色消失。记录硫代硫酸钠溶液的消耗量。

（五）结果计算

淀粉含量以试样干基上的百分含量 w 表示，数值在 0.1%范围内取平均值，按下式计算：

$$w(\%) = [(V_0 - V_1) \times c \times 90.08 \times 100] / [m \times 1000 \times (1 - H)]$$

式中：V_0——空白实验中硫代硫酸钠标准滴定溶液的体积（mL）

V_1——试样溶液滴定时消耗的体积（mL）；

c——硫代硫酸钠标准滴定溶液的浓度（mol/L）；

m——试样的质量（g）；

H——试样的含水量（%）；

90.08——葡萄糖换算成淀粉的理论因子。

注：葡萄糖换算成淀粉的理论因子为 0.9，考虑到淀粉完全水解的效率约为 99%，故换算因子取 0.9008，即 90.08。

（六）方法的优、缺点

直接滴定法测定淀粉含量的优点是原理简单、操作方便、试剂价廉易得，不需要昂贵的仪器设备，是淀粉含量测定的经典方法。该法线性范围较宽，一般可测定 20%～100% 的淀粉含量，适合于各种淀粉原料和产品的检测。

缺点是步骤较烦琐，耗时较长，一般需要 2～3 h 才能得出结果。主要误差来源于淀粉的水解效率和费林试剂的管式误差。此外，高含量的蛋白质、脂肪等非淀粉成分会干扰测定，导致结果偏高。

整体而言，直接滴定法准确度和精密度均能满足淀粉含量测定的一般要求。对于快速检测的需求，可结合其他物理化学分析方法使用。

三、偏振光法测定淀粉含量

（一）原理

淀粉分子中的葡萄糖单元含有多个不对称碳原子，可使偏振光平面发生偏转。淀粉溶液的旋光度与其浓度成正比，因此可根据淀粉溶液对偏振光的旋转角度换算出淀粉的含量。偏振光法测定简便快速，重现性好，是淀粉含量测定的常用方法之一。

（二）仪器设备

（1）旋光仪：波长范围为 589 nm，可通过标准石英盘检查旋光角的准确性。

（2）旋光管：公称管长为 200 mm，实际管长允许偏差为±0.01 mm，应附有管长合格证书。

（3）恒温水浴：温度控制精度±0.1 ℃，应配备循环装置和搅拌装置。

（4）电子天平：感量 0.1 mg。

（5）水分测定仪：符合专业要求。

(6) 定时器：时间误差不超过1s。

(7) 具塞三角烧瓶：250 mL。

(8) 量筒：100 mL，50 mL。

(9) 移液管：5 mL，10 mL。

(10) 玻璃漏斗：直径75mm。

(11) 蒸馏水发生器。

(三) 试剂

(1) 95%乙醇：分析纯，经蒸馏重新收集。

(2) 1mol/L 盐酸：量取82 mL浓盐酸，缓缓加入约500 mL水中，冷却后再加水稀释至1000 mL。

(3) 1 mol/L 氢氧化钠溶液：称取40 g氢氧化钠，溶于少量水中，冷却后定容至1000 mL。

(四) 操作步骤

(1) 试样前处理：称取5～10 g试样，精确至0.01 g，于80℃下干燥4 h，测定含水量H。另称取约5 g预处理试样，精确至0.01 g，置于具塞三角烧瓶中，加入50 mL、1 mol/L盐酸，混匀，在沸水浴中加热30 min，偶尔振摇，使淀粉完全溶解。冷却后，用1 mol/L氢氧化钠中和至酚酞终点，并用蒸馏水定容至100 mL。

(2) 比旋光度测定：将试样溶液倒入200 mm旋光管中，两端加塞，放入(25±0.1)℃的恒温水浴中平衡30 min。同时将蒸馏水倒入另一支旋光管中，作为参比。将两支旋光管分别放入旋光仪的样品池和参比池中，测定试样溶液相对于参比的旋光角度α。重复测定3次，取平均值。

(五) 结果计算

淀粉含量以试样干基上的百分含量w表示，数值在0.1%范围内取平均值，按下式计算：

$$w\ (\%) = (\alpha \times 100)\ /\ [L \times m \times (1-H) \times 184]$$

式中：α——试样溶液的旋光角度(°)；

L——旋光管的长度(dm)；

m——试样溶液中试样的质量(g)；

H——试样的含水量(%)；

184——淀粉的比旋光度常数，即1 g/100 mL浓度的淀粉溶液在100 mm旋光管中的旋光度。

（六）注意事项

（1）试样溶液中杂质的去除很关键，悬浮的杂质颗粒会引起旋光角的漂移，使测定结果偏高。若试样溶液混浊不澄清，则可离心去除不溶性杂质。

（2）淀粉在冷水中溶解度低，需在沸水浴中充分溶解。淀粉未完全溶解会导致旋光角偏低，使测定结果偏低。

（3）淀粉溶液在测定前需恒温，否则溶液的温度变化会引起折光率和旋光度的改变。一般可在（25±0.1）℃或（20±0.1）℃下恒温 30 min。

（4）旋光管的管长精度很关键，管长偏差 0.01 mm 将导致 0.005%的相对误差。使用前应检查旋光管的合格证书。

（5）仪器的调零很关键，每次测定前用蒸馏水校正仪器的零点。零点偏移会直接导致系统误差。

（6）淀粉的比旋光度因品种、来源不同而略有差异。测定未知品种淀粉时，可先测定其比旋光度，再代入公式计算含量。

（七）方法性能

偏振光法测定淀粉含量的线性范围为 0～100%，最低检出浓度为 0.2%（200mm 管）。7 个实验室测定淀粉含量为 50%的小麦粉，重复性相对标准偏差（RSD）为 0.41%，再现性相对标准偏差为 1.2%。加标回收率为 98.5%～101.2%。

总之，偏振光法具有快速、简便、重复性好等优点，可满足淀粉含量测定的常规要求。该方法的关键在于试样的前处理、仪器的校正和恒温条件的控制。与直接滴定法相比，偏振光法的检出限更低，线性范围更宽，但对仪器设备的要求较高。

四、近红外光谱法测定淀粉含量

（一）原理

近红外光谱法是一种基于物质在近红外区域的光谱吸收规律，建立数学模型，实现特定成分快速测定的间接分析方法。淀粉分子中的 O－H、C－H 等基团在近红外区有特征吸收，这些基团的伸缩振动、倍频振动吸收信号与淀粉的含量密切相关。通过建立淀粉含量与其近红外光谱的定量关系，即可实现淀粉含量的快速无损测定。

（二）仪器设备

近红外光谱仪：波长范围至少覆盖 1100～2500 nm，波数精度优于 $0.5cm^{-1}$，重复性优于 0.1nm。仪器应配备漫反射附件、比例积分球等。

（三）试剂与材料

（1）淀粉标准品：纯度不低于 99.5%，经基准方法测定含量。

（2）淀粉原料或产品：经直接滴定法或偏振光法测定含量，含量范围应覆盖待测样品。

（四）操作步骤

（1）标准系列的配制。称取一定量淀粉标准品，用淀粉基质（如面粉、木薯粉等）稀释，配制8～10个淀粉含量为5%～90%的标准系列，每个浓度配制3份平行样。

（2）光谱采集。开启近红外光谱仪，预热30 min，调节仪器参数（如扫描次数、分辨率等）至最佳状态。将标准样品和待测样品分别装入样品杯中，表面整平压实，置于漫反射附件上，采集1100～2500nm范围内的漫反射光谱，每个样品重复扫描3次。

（3）数据预处理。采用多元散射校正、标准正态变量变换、导数等数学方法对原始光谱进行预处理，突出有效信息，减小非线性、背景等干扰因素的影响。

（4）模型建立。采用偏最小二乘回归（PLSR）、支持向量机（SVM）等化学计量学方法，以标准样品的参考值为因变量，以其预处理后的光谱数据为自变量，建立淀粉含量的近红外定量模型。优化模型参数（如主成分数、校正集样本数等），使校正集和预测集样品的相关系数和预测残差平方和最小。

（5）模型评价。采用交互验证、外部验证等方法评价模型的预测能力。用回归系数、交互验证误差、外部验证误差等指标衡量模型性能。

（五）结果计算

将待测样品的近红外光谱输入已建立的最优模型，即可得到其淀粉含量预测值。模型输出结果一般已是干基百分含量，无需额外校正。

（六）影响因素与注意事项

（1）标准样品的质量很关键，淀粉纯度、基质组成、含量分布等直接影响模型的预测能力。宜采用两个以上基准方法溯源其参考值。

（2）近红外光谱对样品的物理状态很敏感，不同的颗粒度、松紧度、表面状态等会引起光谱基线漂移。制备标准样品和待测样品时，应尽量保持粒径、压实状态一致。

（3）温湿度、振动等环境因素对近红外光谱有一定影响。应将仪器置于恒温恒湿、避光、防尘、防震的实验室中，定期校准、维护。

（4）数据预处理方法的选择很关键，应针对建模样本集的光谱特点，优选组合多种数学方法，既要减小干扰，又要防止有效信息的丢失。

（5）模型传递是近红外分析的关键环节，需定期采集建模样本的光谱，检查模型偏移，必要时进行再校正。更换仪器、光源等关键部件后，须重新进行模型传递。

（七）方法性能与应用

近红外光谱法可快速、无损、在线测定多种淀粉原料和产品的淀粉含量，已在淀粉加工、质量控制等领域得到广泛应用。张美蓉等采用近红外漫反射光谱，结合 PLSR 建模，测定了薯类淀粉的淀粉含量，校正集相关系数达 0.996，标准误差为 1.34%。戴宏斌等采用短波近红外透射光谱，结合 SVM 和蒙特卡洛变量选择算法，测定了大米粉中的淀粉含量，预测集相关系数为 0.971，根均方误差为 1.58%。

总之，近红外光谱法具有快速、无损、环保等优点，适合淀粉含量的常规检测和在线分析。但其建模过程复杂，对样品状态和环境条件要求较高，模型的维护、传递也需专业技术支持。在淀粉含量测定中，宜与传统化学方法联用，优势互补。

（八）物理法测定淀粉含量

物理法测定淀粉含量的基本原理是利用淀粉与其他成分在物理性质上的差异，通过物理手段将淀粉分离出来，再称重计算含量。常用的物理法有比重法、沉淀法和浮选法等。

比重法是利用淀粉与其他成分密度的差异，通过比重计或密度梯度管测定淀粉悬浮液的密度，再查表换算出淀粉含量。该方法操作简便，仪器设备要求低，适合现场快速检测。但由于淀粉的密度受品种、成熟度等因素影响较大，测定结果误差较大，重现性较差。

沉淀法是利用淀粉与其他成分沉降速度的差异，通过重力沉降或离心分离，将淀粉沉淀分离出来。沉淀法操作相对简单，但耗时较长，且淀粉回收率较低，容易造成淀粉损失。此外，沉淀法只适用于含量较高的淀粉原料，如马铃薯、木薯等，而对于含量较低的谷物、豆类等原料，难以获得准确结果。

浮选法是先将淀粉原料粉碎，再加水混匀制成悬浮液，在悬浮液中通入气体，利用淀粉与其他成分表面疏水性的差异，使淀粉颗粒附着气泡上浮，从而实现与杂质的分离。浮选法分离效果好，适用范围广，可连续化操作。但浮选设备投资较大，操作较复杂，对操作人员技术要求较高。

五、化学法测定淀粉含量

化学法测定淀粉含量的基本原理是利用淀粉的化学性质，通过化学反应将淀粉转化为特定产物，再根据产物的量计算淀粉含量。常用的化学法有碘量法、酸解法和酶解法等。

碘量法是利用淀粉与碘生成蓝色络合物的特异性反应，通过比色或滴定测定淀粉的量。碘量法操作简便，设备要求低，广泛应用于淀粉原料和产品的日常检验中。但碘量法易受淀粉老化程度、直链淀粉含量等因素的干扰，导致测定结果偏高或偏低。此外，碘量法测定范围较窄，淀粉含量过高时需要稀释，含量过低时不易检出。

酸解法是利用淀粉在酸性条件下水解生成还原糖的反应，通过测定还原糖的量计算淀粉含量。常用的方法有 3，5-二硝基水杨酸比色法和蒽酮比色法等。酸解法测定精度高，重现性好，适用范围广，是淀粉含量测定的通用方法。但酸解法操作烦琐，耗时较长，对操作条件控制要求较高，稍有不慎就会影响测定结果。

酶解法是利用淀粉在淀粉酶作用下水解生成葡萄糖的反应，通过测定葡萄糖的量计算淀粉含量。酶解法特异性强，不受其他还原性物质的干扰，适合复杂基质中淀粉的测定。且酶解条件温和，保留了淀粉的天然结构，测定结果更接近真实值。但酶解法成本较高，操作相对复杂，对酶活性和反应条件控制要求严格，限制了其推广应用。

六、仪器法测定淀粉含量

仪器法测定淀粉含量是利用现代分析仪器，根据淀粉的理化性质，对其进行定性和定量分析。常用的仪器法有近红外光谱法、核磁共振法和高效液相色谱法等。

近红外光谱法是利用淀粉在近红外区域的吸收光谱，建立淀粉含量与吸光度的定量关系，从而实现淀粉含量的快速测定。近红外光谱法具有快速、无损、无需制样等优点，适合淀粉原料的在线分析和品质筛选。但由于淀粉近红外光谱易受颗粒大小、水分、杂质等因素影响，需要建立稳健的定标模型，并定期验证和更新，以保证分析结果的可靠性。

核磁共振法是利用淀粉中的碳原子在外加磁场中发生共振，产生特征性的化学位移，从而实现淀粉的定性和定量分析。低场核磁共振法可用于淀粉的固体态结构表征和定量分析，样品制备简单，无需糊化或溶解，测定结果准确可靠。但核磁共振仪器昂贵，维护成本高，限制了其在淀粉分析中的普及应用。

高效液相色谱法是利用淀粉酶解产物葡萄糖在色谱柱上的分离和检测，实现淀粉含量的测定。与比色法相比，高效液相色谱法灵敏度高，重现性好，可实现淀粉的准确定量。但样品需经酶解处理，制备过程相对烦琐，且仪器设备和分析成本较高，一般用于淀粉含量的仲裁分析。

淀粉含量的测定方法各有优缺点，选择何种方法应根据样品性质、检测目的、精密度要求、经济成本等因素综合考虑。在淀粉加工生产中，通常采用碘量法等简便快速的方法进行日常检验和过程控制；而在淀粉产品质量评价和贸易仲裁中，则宜采用酸解法、高效液相色谱法等标准方法，以保证结果的准确可靠。此外，随着近红外光谱等快速分析技术的进步，无损检测在淀粉含量分析中的应用将日益广泛，有望实现淀粉原料和产品品质的快速筛选和在线监测，从而更好地指导淀粉的加工生产与质量控制。

淀粉含量作为淀粉原料和产品质量评价的基本指标，其准确测定对淀粉的加工、贸易、科研等具有重要意义。本节系统介绍了淀粉含量测定的原理和方法，重点讨论了直接滴定法、偏振光法和近红外光谱法的基本原理、操作流程、影响因素及其在淀粉含量测定中的应用。

直接滴定法通过淀粉酶解产物还原性的测定，计算出淀粉的含量，操作简便，设备要求低，是淀粉含量测定的常用方法和对照方法；但其检测周期长，易受非淀粉还原物质的干扰。偏振光法基于淀粉溶液的旋光性，通过比旋光度常数换算出淀粉含量，具有快速、简便、精密度高等优点；但样品前处理、温度控制等环节较为关键。近红外光谱法依据淀粉在近红外区的吸收特性，结合化学计量学方法建模，可实现淀粉含量的快速、无损测定；但其建模和维护相对复杂，对样品状态和仪器性能的要求较高。

综上，淀粉含量的测定方法各有优缺点，应根据实际需求、样品特点、检测能力等因素综合考虑。在日常的淀粉含量测定中，宜将传统方法与仪器分析方法相结合，优势互补。随着分析技术的进步，淀粉含量测定方法必将进一步优化，为淀粉产业的高质量发展提供有力保障。

第二节　淀粉的结构与性质表征

淀粉的结构与性质是其加工利用的重要基础，直接影响淀粉的理化性质、功能特性和应用性能。准确表征淀粉的结构与性质，对于阐明淀粉的构效关系、指导淀粉的改性与应用具有重要意义。淀粉结构与性质表征的主要内容包括组成结构、聚集态结构、理化性质、热力学性质等，常用的表征方法有谱学法、衍射法、显微镜法、色谱法和热分析法等。

一、淀粉组成结构的表征

淀粉的组成结构主要包括单糖组成、聚合度分布、支链分布、磷酸酯含量等。其中，淀粉的单糖组成和聚合度分布可通过色谱法测定，支链分布可通过酶解-色谱法测定，磷酸酯含量可通过比色法或电感耦合等离子体发射光谱法测定。

气相色谱法可用于测定淀粉的单糖组成。样品经过甲基化、水解、还原、乙酰化衍生后，在气相色谱仪上进行分离和定量分析。根据保留时间定性和峰面积定量可得到葡萄糖、果糖等单糖的相对含量。但气相色谱法制样过程烦琐，衍生效率不易控制，容易引入误差。

凝胶渗透色谱（GPC）法可用于测定淀粉的聚合度分布。样品经过完全溶解后，在凝胶柱上进行分离，根据洗脱时间分布确定分子量分布。配合多角度激光光散射等检测器，可得到淀粉的重均分子量、数均分子量、多分散系数等结构参数。凝胶渗透色谱法操作简便，重现性好，可定性定量分析，但分离效果易受淀粉样品的完全溶解程度影响。

高效凝胶过滤色谱法可用于测定支链淀粉的支链分布。样品先用碘化钾饱和溶液处理，抽提出直链淀粉，再用异淀粉酶降解支链淀粉，得到不同聚合度的支链。支链在凝胶柱上进行分离，根据洗脱时间分布确定支链的聚合度分布。但异淀粉酶水解不完全，导致长链的回收率偏低，因此测定结果往往偏向短链。

二、淀粉聚集态结构的表征

淀粉的聚集态结构主要包括结晶结构、液晶结构、粒径分布、比表面积等。其中，淀粉的结晶结构可通过X射线衍射、固体核磁共振等方法表征，液晶结构可通过偏光显微镜、X射线衍射等方法表征，粒径分布可通过激光衍射法、电阻脉冲法等测定，比表面积可通过氮吸附法（比表面积检测（BET）法）测定。

X射线衍射法是表征淀粉结晶结构的最主要方法。淀粉样品在X射线辐照下，结晶区产生衍射，形成特征性的衍射图谱。根据衍射峰的位置和强度，可确定淀粉的结晶型（A型、B型、C型和V型）和结晶度。此外，小角X射线散射法还可用于表征淀粉的结晶区尺寸和层间距等结构参数。X射线衍射法操作简便，重现性好，但易受样品制备和仪器条件的影响，需严格控制测试条件。

固态13C核磁共振法是表征淀粉结晶结构的另一重要方法。淀粉样品在外加磁场中，结晶区和无定形区的碳原子产生不同的化学位移。根据化学位移的差异可定性判断淀粉的结晶型，根据谱峰面积可定量计算淀粉的结晶度。相比X射线衍射，固态核磁共振法可提供更丰富的结构信息，如分子构象、链构象等，是淀粉结构分析的有力工具。

偏光显微镜法可用于直观表征淀粉的液晶结构。淀粉悬浮液在偏光显微镜下呈现出特征性的双折射现象，出现明暗相间的条纹和十字消光。根据双折射图案可判断淀粉的液晶类型（向列型、胆甾型等），根据双折射强度可估算淀粉的螺旋构象含量。但偏光显微镜法只能给出淀粉液晶的定性信息，难以实现准确定量。

三、淀粉理化性质的表征

淀粉的理化性质主要包括形态特征、溶解性、吸湿性、膨胀力、黏度、透明度等。其中，淀粉的形态特征可通过扫描电子显微镜等方法表征，溶解性可通过溶解度测定，吸湿性可通过等温吸湿曲线测定，膨胀力可通过膨胀力测定仪测定，黏度可通过旋转黏度计测定，透明度可通过分光光度计测定。

扫描电子显微镜法可用于观察淀粉颗粒的外部形态特征。淀粉样品经过喷金处理，在高真空条件下扫描成像，可清晰观察到淀粉颗粒的大小、形状、表面结构等形态学特征。根据颗粒形态的差异可初步鉴别淀粉的植物来源。扫描电子显微镜法直观、形象，但样品制备过程易引入人工影响，且只能观察淀粉颗粒的表面形态，难以反映其内部结构。

淀粉的溶解性通常采用溶解度测定。将一定量淀粉样品与过量的蒸馏水混合，在恒温条件下充分搅拌溶解，离心分离，烘干上清液并称重，计算淀粉的溶解百分比。溶解度反映了淀粉分子间作用力的强弱和无定形区的多少，与淀粉的结晶度密切相关。溶解度测定操作简便，重现性好，可用于评价淀粉的亲水性和分散性，但测定结果易受淀粉粒径、搅拌条件等因素影响。

淀粉的吸湿性通常采用等温吸附曲线测定。将一定量淀粉样品置于不同相对湿度的密闭容器中平衡，测定其平衡吸湿量，绘制等温吸附曲线。根据 BET 理论，可计算淀粉的单分子层吸附量、比表面积、孔径分布等结构参数。吸湿性与淀粉的比表面积、孔隙率密切相关，反映了淀粉对水分子的亲和能力。等温吸附法可定量评价淀粉的吸湿特性，但平衡时间长，操作相对烦琐。

淀粉的膨胀力通常采用膨胀力测定仪测定。将一定量淀粉样品置于刻度试管中，加入过量的蒸馏水，振荡混匀后静置，测定淀粉的沉降体积。膨胀力定义为淀粉沉降体积与淀粉质量的比值，反映了淀粉吸水溶胀的能力。膨胀力与淀粉的无定形区含量、支链分布等密切相关，可用于评价淀粉的亲水性和水合能力。膨胀力测定简便快速，重现性好，是淀粉加工适性评价的常用指标。

四、淀粉热力学性质的表征

淀粉的热力学性质主要包括比热容、热焓、玻璃化转变、热降解等。其中，比热容可通过差示扫描量热（DSC）法测定，热焓变化可通过等温滴定量热（ITC）法测定，玻璃化转变可通过调制 DSC 法测定，热降解可通过热重分析（TGA）法测定。

差示扫描量热法是表征淀粉热力学性质的最主要方法。淀粉样品在程序升温过程中，发生玻璃化转变、熔融、老化等一系列热事件，引起热焓变化，在 DSC 曲线上表现为特征性的吸放热峰。根据吸放热峰的温度和焓值，可定量计算淀粉的比热容、热焓、玻璃化转变温度、熔融温度等热力学参数。DSC 法操作简便，重现性好，可同时得到丰富的热力学信息，但样品量较小，代表性有限。

等温滴定量热法可用于测定淀粉与水、淀粉与碘等体系的结合热。淀粉悬浮液置于恒温量热池中，向其中逐滴加入滴定剂，测定体系的热焓变化。根据热焓变化曲线可计算结合常数、结合量、摩尔焓变等热力学参数，评价淀粉与水、碘等分子间相互作用的强弱。ITC 法可定量表征淀粉分子间作用，揭示其构象变化和聚集行为，但仪器昂贵，样品用量大，限制了其推广应用。

热重分析法可用于研究淀粉的热降解行为。淀粉样品在程序升温过程中，发生水分蒸发、脱水、断链、成炭等一系列热降解反应，引起质量损失，在 TGA 曲线上表现为特征性的失重台阶。根据失重台阶的温度和失重率，可定量计算淀粉的含水量、热稳定性、热降解动力学参数等，评价淀粉在高温条件下的稳定性和安全性。TGA 法操作简便，重现性好，可模拟淀粉的高温加工过程，优化加工工艺，改善产品品质。

五、淀粉分子结构表征

淀粉主要由直链淀粉和支链淀粉两种多糖组成。直链淀粉又称“直链 α-1，4-葡聚糖”，由数百至数千个葡萄糖单元通过 α-1，4 糖苷键连接而成；支链淀粉又称“支链 α-1，4-α-1，6-葡聚糖”，除 α-1，4 糖苷键外，还含有 4%～5%的 α-1，6 糖苷键。淀粉分子结构的微观参数，如平均链长、支化点分布、糖苷键比例等，直接影响淀粉的理化性质。因此，准确表征淀粉分子结构，对揭示其结构一功能关系，指导其应用开发具有重要意义。

(一) 甲基化分析

甲基化是淀粉分子结构表征的经典方法。其基本原理：将游离羟基甲基化，再酸解、还原、乙酰化，生成部分甲基化醛糖乙酸酯，再通过气相色谱、质谱等分离鉴定，确定淀粉分子中各种糖苷键的类型和比例。具体步骤如下：

(1) 淀粉的预处理。称取 100 mg 干燥淀粉，用氯仿-甲醇（2∶1，体积比）浸提脱脂，真空干燥。

(2) 淀粉的溶解。将脱脂淀粉溶于 2 mL 二甲基亚砜中，超声处理，于室温过夜。

(3) 甲基化反应。将上述淀粉溶液冷却至 0℃，缓慢滴加 2 mL 氢化钠-二甲基亚砜悬浮液（60 mg/mL），搅拌反应 30 min。再缓慢滴加 1 mL 碘甲烷，继续反应 30 min。重复 2 次碱液和碘甲烷的加入，反应至淀粉充分甲基化。

(4) 酸解与还原。向反应液中加入 1 mL、2 mol/L 三氟乙酸，密封，于 121℃水解 90 min。水解液中和至中性，加入 20 mg 氘化钠，于室温还原 4 h。

(5) 乙酰化。在还原液中加入 1 mL 乙酸酐，于 100℃反应 1 h，使游离羟基乙酰化。

(6) 衍生物的提取。向反应液中加入 2 mL 二氯甲烷，振荡萃取 2 次，合并有机相，无水硫酸钠干燥，氮气吹干。

(7) 气相色谱-质谱分析。将衍生物溶于 0.1 mL 二氯甲烷中，上机分析。气相色谱条件：以 DB-1 毛细管柱（30 m×0.25 mm×0.25 μm）为分离柱，以氦气为载气，流速 1.0 mL/min，程序升温（140℃，1 min；以 5℃/min 升至 280℃，保持 5 min）。电子轰击源（EI）电离，离子源温度 250℃，接口温度 280℃，电子能量 70 eV。

根据甲基化醛糖衍生物的气相色谱保留时间和特征碎片离子可鉴定淀粉分子中的各种糖苷键类型，如 2，3，6-三-O-甲基葡萄糖（1→4 连接）、2，3-二-O-甲基葡萄糖（1→4，6 连接）等，再根据各特征离子的峰面积之比定量分析各种糖苷键的摩尔比例，进而推断淀粉分子的支链结构。

甲基化分析的关键在于淀粉样品的纯化、糖苷键的完全甲基化和衍生物的有效分离。

该方法可定性定量分析淀粉中 α-1，4 和 α-1，6 糖苷键，但灵敏度和重现性有待提高。此外，该方法前处理烦琐，耗时长，难以实现淀粉结构的快速表征。但作为淀粉分子结构分析的经典方法，其仍是淀粉化学研究的重要手段之一。

（二）顺序酶切-层析联用技术

顺序酶切结合高效液相色谱（HPLC）或毛细管电泳（CE）分离可实现淀粉分子结构的准确表征。其基本原理：用枝点酶（普鲁兰酶）和外切酶（β-淀粉酶）依次酶解淀粉，使直链和支链变为特定聚合度的糖链，再采用 HPLC 或 CE 分离检测，根据特征糖链的保留时间、迁移时间确定淀粉的链长分布。具体步骤如下：

（1）淀粉的酶解。准确称取 50 mg 淀粉，加入 5 mL、0.08 mol/L 的磷酸缓冲液（pH 值为 6.0），沸水浴中加热 20 min，使淀粉充分糊化。冷却至 40℃，加入 200 普鲁兰酶，反应 24 h，使支链葡聚糖水解为直链。再加入 200β-淀粉酶，继续反应 24 h，使直链从非还原末端逐个切下麦芽糖单元。100℃加热 5 min，灭活酶的活性，冷却，过滤。

（2）HPLC 分离。取酶解液 20 μL，注入 HPLC 系统。色谱条件：以 Shodex KS－802×2 柱（300 mm×8 mm）为分离柱，以超纯水为流动相，流速 0.6 mL/min，柱温 60℃，用示差折光检测器检测。

（3）CE 分离。取酶解液 20 μL，真空干燥，加入 10 μL 1-苯基-3-甲基咪唑氯盐（PMIP）衍生化试剂，混匀，于 70℃反应 60 min。加入 990 μL 的 CE 缓冲液（甲酸-Tris 缓冲液，pH 值为 2.8），混匀，过滤，上样分析。毛细管电泳条件：60 cm×75 μm 的熔融石英毛细管，分离电压 22 kV，柱温 25℃，激光诱导荧光检测（He－Cd 激光器，激发波长 325 nm，发射波长 360 nm）。

根据淀粉酶解物的 HPLC 色谱图或 CE 电泳图，可获得反映淀粉支链和直链分布的特征指纹图谱。通过与葡聚糖标准品的保留时间或迁移时间比较，可定性分析酶解产物的聚合度分布。再根据各糖链的峰面积，可定量计算不同聚合度糖链的相对含量，进而推断淀粉的平均链长、A/B 链比例等分子结构参数。

相比于甲基化分析，顺序酶切-层析联用技术样品制备简单，分析速度快，重现性好。但其缺点是样品用量大，灵敏度和分离能力有限，尤其是对高聚合度淀粉样品的分析效果欠佳。此外，该技术只能表征淀粉直链和 A 链的聚合度分布，难以获得支链点的空间位置信息。但该技术操作相对简便，分析速度快，在淀粉分子结构表征和品种鉴别中仍有重要应用价值。

（三）核磁共振波谱技术

核磁共振（NMR）波谱技术是研究淀粉分子结构的有力工具。13C NMR 可准确鉴定淀粉中各类碳原子所处的化学环境，进而推断其所连糖苷键的类型、比例和空间构象。

1H NMR 可分析淀粉上氢原子的化学环境，确定其所处结构单元。此外，固体 13C NMR 还可无损分析淀粉颗粒的结晶结构和链构象。具体分析步骤如下：

(1) 液体 13C NMR。将 50 mg 淀粉溶于 0.7 mL 重水中，超声处理，于 80℃水浴中加热至淀粉充分溶解。冷却，转移至 5 mm 核磁管中，上机分析。13C NMR 测试条件：谱仪频率 100 MHz，脉冲序列 zgig30，谱宽 200 ppm，累加 1024 次，弛豫延迟 2 s。以 D2O 为内标，以 α-1，4 糖苷键的 C-1 信号（δ 99.4）为参考峰。

(2) 液体 1H NMR。取上述淀粉溶液，上机分析。1H NMR 测试条件：谱仪频率 400 MHz，脉冲序列 zg30，谱宽 16 ppm，累加 64 次，弛豫延迟 1 s。以 D2O 为内标（δ 4.7），以 α-1，4 糖苷键上的 H-1 信号（δ 5.3）为参考峰。

(3) 固体 13C NMR。称取 200 mg 淀粉，置于转子中，压实。上机分析，13C NMR 测试条件：谱仪频率 100 MHz，魔角旋转 12 kHz，交叉极化接触时间 2 ms，弛豫延迟 3 s，累加 4096 次。以六聚甲基硅烷（δ 0）为外标，以 C－1 信号（δ 100.5）为参考峰。

根据淀粉的液体 13C NMR 谱，可鉴定 α-1，4 和 α-1，6 糖苷键上各碳原子的化学位移。再根据特征碳信号的积分面积之比，如 C-1 信号与支链 C—6 信号之比，可定量计算 α-1，4 和 α-1，6 糖苷键的摩尔比例，但液体 NMR 不能区分直链中的 A、B 链，难以获得淀粉的链长分布信息。

固体 NMR 可直接分析淀粉颗粒中的结构信息。根据固体 13C NMR 谱中 C－1 区单峰的化学位移，可判断淀粉的结晶型。如 A 型淀粉在 δ 100～103 处有 3 个特征峰，B 型淀粉在 δ 100～102 处有 2 个特征峰。再根据 C－4 区（δ 80～84）信号的多重性，可推断淀粉分子链的螺旋构象。如 A 型淀粉有 2 个 C-4 信号，含 A 型双螺旋和 V 型单螺旋结构；B 型淀粉仅有 1 个 C-4 信号，主要为 A 型双螺旋构象。

总之，NMR 技术可在分子水平揭示淀粉的精细结构，是淀粉分子结构表征的重要手段。相比于化学降解法，NMR 分析样品制备简单，分析速度快，重现性好，尤其是固体 NMR 还可实现淀粉结构的原位、无损分析。但 NMR 仪器成本高，维护专业性强，不易推广。此外，NMR 灵敏度相对较低，不适合低浓度、复杂基质中淀粉的微量分析。但随着超导磁体、极化转移等新技术的发展，NMR 有望实现淀粉结构的痕量检测。

六、淀粉的形貌特征表征

淀粉在自然界中以半结晶粒态形式存在。淀粉颗粒的大小、形状、表面特征等形貌参数，不仅可作为淀粉来源和品种鉴定的重要指标，也与其加工性能和应用功能密切相关。常用的淀粉形貌表征方法包括光学显微镜法、扫描电子显微镜（SEM）法和激光衍射法等。

（一）光学显微镜法

光学显微镜具有放大倍数适中、样品制备简单、观察直观等优点，可用于淀粉原初形态的观察和粒径分布的初步评价。

具体操作：取少量淀粉样品，用50%甘油溶液制成悬浮液，滴于载玻片上，盖上盖玻片，在 Olympus BX53 光学显微镜下观察。物镜 magnification 依次为 10 倍、40 倍、100 倍，根据淀粉颗粒大小选择合适视野。采用正交偏光，观察淀粉的偏光十字现象。分别在明场、偏光场下随机选取 10 个视野，对淀粉颗粒进行计数、测量，取平均值。

通过光镜观察，可直观比较不同来源淀粉颗粒的形状、大小。例如：小麦淀粉为圆形或椭圆形，粒径为 2～40 μm；马铃薯淀粉为椭圆形或卵形，粒径为 5～100 μm；玉米淀粉为不规则多面体，粒径为 2～30 μm。在偏光下，淀粉呈现出黑白相间的马耳他十字，说明淀粉为半结晶态聚合物，结晶区呈辐射状排列。

但光镜分辨率较低（0.2 μm），不能分辨淀粉颗粒的精细结构。且光镜下淀粉易发生团聚，不易区分单个颗粒。因此，光学显微镜法仅适合淀粉原初形貌的定性观察和初步分类，难以实现精确定量分析。

（二）扫描电子显微镜法

扫描电子显微镜（SEM）利用高能电子束扫描样品表面，根据二次电子信号成像，分辨率可达纳米级（1～20 nm），可清晰观察淀粉颗粒的精细结构。此外，SEM 样品制备简单，视野宽阔，尤其适合淀粉形貌的定量分析。

具体操作如下：将导电胶贴于 SEM 铜样台上，取少量淀粉样品，用小刷子轻轻刷于导电胶表面，吹去多余的粉末。将样品台置于离子溅射仪中，在真空条件下溅射金膜 2 min。将样品台固定在 SEM 样品室中，调节加速电压（5～20 kV）、工作距离（5～10 mm）和放大倍数（500～10000 倍），优化成像条件。随机选取 10 个视野，分别在 2000 倍和 5000 倍下成像，每张图像中随机测量 20 个颗粒的几何参数，包括长轴 a、短轴 b、周长 P、面积 A 等。

根据 SEM 图像可计算一系列反映淀粉颗粒形貌的定量参数：

（1）粒径分布。根据颗粒长轴、短轴数据，绘制粒径分布直方图，计算中位粒径 d_{50}、体积平均粒径 d_v 等。

（2）球形度（SF）。根据颗粒周长和面积计算，SF＝$4\pi A/P_2$，反映颗粒的规则程度。SF＝1 为正球形，SF 越小，颗粒越不规则。

（3）长宽比（AR）。根据颗粒长轴和短轴计算，AR＝a/b，反映颗粒的椭圆程度。AR＝1为圆形，AR 越大，颗粒越细长。

（4）体积与表面积比（R）。根据颗粒体积和表面积计算，$R=3V/A$，反映颗粒的致密程度。R 越大，颗粒越致密。

通过 SEM 可精细地分析淀粉颗粒的形貌参数。例如：马铃薯淀粉颗粒较大（20～110 μm），呈椭圆形或卵形，表面光滑；绿豆淀粉颗粒较小（10～40 μm），呈椭圆形，表面有沟纹；木薯淀粉颗粒呈不规则球形，粒径分布宽（2～35 μm），表面有略微凹陷。这些形貌特征可作为淀粉品种鉴别的重要依据。

但 SEM 对样品的导电性要求较高，需镀金等预处理，可能引入人为损伤。此外，电子束辐照可能引起淀粉颗粒的收缩变形，影响形貌参数的准确性。因此，使用环境 SEM、低真空 SEM、冷冻 SEM 等新技术，可在更接近天然状态下观察淀粉颗粒，提高样品的形态保真度。

（三）激光衍射法

激光衍射法是一种基于米氏（Mie）散射原理的粒度分析方法。通过测量样品对单色光的衍射和散射图样，计算颗粒的粒径分布。该方法快速、准确，可实现粒度分布的定量表征，尤其适合大批量淀粉样品的粒度评价。

具体操作：取适量淀粉样品，加入粒度仪的循环系统中，用去离子水配制成悬浮液，搅拌均匀。调节搅拌速度、超声时间，使悬浮液分散均匀，无团聚。开启仪器，优化光路，校正背景。测定淀粉悬液的衍射和散射图样，重复测定 3 次。根据米氏理论，以折射率为 1.53 的球形等效模型，计算颗粒的体积分布。

根据粒度分布曲线可得到一系列反映淀粉颗粒大小和均匀性的定量参数：

（1）特征粒径。中位径（D_{50}），累积分布 50％时的粒径；体积平均径（$D_{4,3}$），与颗粒体积成正比的平均值；面积平均径（$D_{3,2}$），与颗粒表面积成正比的平均值等。

（2）粒径跨度（Span）。表示粒度分布宽度，Span＝（$D_{90}-D_{10}$）/D_{50}，Span 越小，粒径分布越集中。

（3）均匀度系数（U）。表示粒度分布偏离对数正态分布的程度，$U=D_{90}/D_{10}$，U 越接近 1，粒径分布越均匀。

激光衍射法操作简便，重现性好，可实现淀粉粒度的快速评价。例如：小麦淀粉的 D_{50} 为 15 μm，$D_{4,3}$ 为 18 μm，Span 为 1.2，U 为 6.5；马铃薯淀粉的 D_{50} 为 38 μm，$D_{4,3}$ 为 42 μm，Span 为 1.8，U 为 14.6。可见，马铃薯淀粉的粒径明显大于小麦淀粉，且分布更宽，不均匀性更大。这些粒度特征直接影响淀粉的理化性质和加工性能。如粒径越小，比表面积越大，吸水溶胀能力越强，酶解速度也越快。

但激光衍射法是一种间接测量方法，依赖颗粒的等效球形模型。若淀粉颗粒形状不规则，偏离球形，则会引入较大误差。此外，淀粉颗粒易团聚，分散不均匀也会影响测量准确性。因此，样品分散是激光衍射法的关键，可通过优化分散剂、分散条件等提高测量的重现性。总之，激光衍射法是淀粉粒度分析的有力工具，与显微镜法互为补充，可实现淀粉颗粒形貌的全面表征。

七、淀粉的理化性质表征

淀粉的理化性质如结晶度、热稳定性、黏度特性等，是其功能性的重要体现，直接影响淀粉的加工适宜性和应用范围。准确表征淀粉的结构与性质，有助于揭示其结构－功能关系，优化加工工艺，拓宽应用领域。常用的淀粉理化性质表征方法包括 X 射线衍射法、差示扫描量热法、快速黏度分析（RVA）法等。

（一）X 射线衍射法

X 射线衍射（XRD）可用于表征淀粉的结晶结构和结晶度。根据淀粉的 XRD 谱图特征峰位置和相对强度可鉴定其结晶型。根据特征峰的积分面积可定量计算淀粉的结晶度。XRD 分析样品制备简单，分析速度快，是淀粉结晶态研究的首选方法。

具体操作：称取适量淀粉样品，用玛瑙研钵研磨至 200 目以下，压片。置于 X 射线衍射仪的样品池中，采用 Cu 靶（λ=0.154 nm），管电压 40 kV，管电流 40 mA，扫描范围 3°～40°（2θ），扫描速度 4（°）/min，步长 0.02°，采集淀粉的 XRD 图谱。

根据淀粉的 XRD 谱图可获得丰富的结晶结构信息，具体如下：

（1）结晶型。淀粉主要有 A 型、B 型、C 型、V 型四种结晶型。A 型在 2θ 角为 15°、17°、18°、23°处有特征衍射峰，B 型在 5°、17°、22°、24°处有特征峰，C 型在 5°、17°、18°、23°处有衍射峰，是 A 型和 B 型的混合。V 型在 13°、20°处有特征衍射峰，主要在淀粉老化过程中形成。

（2）结晶度。采用曲线拟合法，将 XRD 谱图分解为结晶峰和非晶包峰，根据衍射峰面积可计算结晶度：

$$X_c\ (\%) = A_c / (A_c + A_a) \times 100$$

式中 A_c 为结晶峰面积；A_a 为非晶峰面积。

（3）晶胞参数。根据特征衍射峰的位置，用 Scherrer 公式可计算淀粉晶粒的平均尺寸。根据衍射峰的面间距可估算淀粉晶胞的点阵常数。

XRD 分析可揭示淀粉的结晶结构与理化性质的关系。例如：马铃薯淀粉多为 B 型结晶，钾含量高，膨胀温度高，黏度高；普通玉米淀粉主要为 A 型结晶，钙含量高，易老化；蜡质玉米淀粉结晶度低，非晶区多，易糊化，黏度低。结晶度也影响淀粉的酶解性和成膜性，例如，结晶度高的高直链淀粉不易酶解，但成膜性能好。总之，XRD 分析可为淀粉的分子设计和产品开发提供结构基础。

但 XRD 属于体相分析技术，测量的是一定体积内晶粒取向的统计平均结果，难以反映淀粉结构的微区不均一性。此外，淀粉的结晶度较低（15%～45%），非晶包峰与结晶峰重叠，结晶度的计算有一定误差。因此，XRD 常与其他光谱、热分析等方法联用，实现淀粉结构的多元互补表征。

（二）差示扫描量热法

差示扫描量热法通过测量样品与参比物在程序升温过程中的热流差，分析样品的热稳定性和相变特性。DSC 法可表征淀粉的基本热力学参数如比热、焓变等，研究其糊化、老化等热致相变过程。与 XRD 法相比，DSC 法对非晶态淀粉更为敏感，可实现结晶态与非晶态淀粉的定量区分。

具体操作：称取 3～5 mg 淀粉样品，置于铝坩埚中，加入去离子水，密封，静置过夜，使其充分吸水。将样品盘和参比盘（含等量水的铝坩埚）一起放入 DSC 炉体，在氮气保护下，以 10 ℃/min 速率升温，扫描温度范围 20 ℃～120 ℃，记录 DSC 曲线。

根据淀粉的 DSC 曲线可获得反映其热致转变的特征参数：

（1）起始温度（T_o）、峰温（T_p）和终止温度（T_c）：分别表示淀粉在加热过程中开始转变、转变速率最大和转变完成时的温度。转变温度与淀粉的结晶型、结晶度、聚合度、支直链比例等结构参数密切相关。

（2）焓变（ΔH）：表示淀粉在转变过程中吸收或放出的热量。糊化焓反映淀粉结晶区熔解所需的能量，与结晶度呈正相关；老化焓反映老化过程中形成的新结晶区熔解所需的热量，与老化程度呈正相关。

（3）比热容（Cp）：表示淀粉在恒压条件下，温度改变 1℃所引起的焓变，与淀粉的聚集态结构密切相关。

DSC 分析可深入认识淀粉的热致相变特性。例如：正常玉米淀粉的 T_o＝62℃，T_p＝68℃，ΔH＝13 J/g，马铃薯淀粉的 T_o＝59 ℃，T_p＝64 ℃，ΔH＝18 J/g。可见，马铃薯淀粉比玉米淀粉转变温度低，但焓变较大，这与其 B 型结晶、聚合度高、支链含量低等结构特点相关。水分含量、脂质含量也影响淀粉的热转变特性。例如：含水量越高，糊化温度越低，焓变越大；脂质含量越高，糊化温度越高，焓变越小。因此，DSC 分析应与结构表征相结合，综合分析影响淀粉热性质的内外因素。

但 DSC 热谱易受样品制备、基线选择、升温速率等因素的影响。尤其是含水量的微小差异，会显著改变淀粉的热谱特征。因此，DSC 分析需严格控制测试条件，提高实验的重复性和可比性。同时，DSC 热谱只能提供淀粉宏观热性质信息，难以获知其微观结构的变化。因此，DSC 常与光谱、显微等方法联用，实现淀粉多尺度、多维度的热分析表征。

（三）快速黏度分析法

快速黏度分析法是一种在恒温或程序升温条件下，测定淀粉糊液黏度随时间变化的流变学方法。RVA 法可模拟淀粉在加工过程中的黏度变化，评价其糊化、胶凝、老化等特性，为淀粉的加工应用提供参考。与 DSC 法相比，RVA 直接反映淀粉在水体系中的性质，更接近实际应用状态。

具体步骤：称取淀粉样品 2～4 g（干物质），加入 25 mL 蒸馏水，混匀。将试样装入 RVA 的样品罐中，按标准温度程序（如先升温至 95℃，保持 5 min，再降至 50℃）进行黏度测定，转速 160 r/min。记录淀粉黏度随时间、温度变化的 RVA 谱图。

根据 RVA 谱图，可得到反映淀粉糊化、胶凝与老化特性的黏度参数：

（1）糊化温度（PT）。淀粉开始黏度上升时的温度，反映淀粉颗粒吸水溶胀的起始点。PT 越低，淀粉的吸水溶胀能力越强。

（2）峰值黏度（PV）。淀粉在加热过程中达到的最大黏度，反映颗粒的溶胀程度。PV 越高，淀粉的溶胀能力越强，糊化程度越高。

（3）稀解值（BD）。峰值黏度与 95℃保温后黏度的差值，反映淀粉在高温高剪切下的稳定性。BD 越大，淀粉抗剪切能力越差，越容易老化。

（4）最终黏度（FV）。降温至 50℃时的黏度值，反映淀粉糊的凝胶力和老化倾向。FV 越高，淀粉的成胶能力越强，老化倾向越明显。

（5）冷胶黏度（SB）。最终黏度与 95℃保温后黏度的差值，反映淀粉在冷却过程中的重结晶程度。SB 越大，淀粉老化越严重。

RVA 谱图可直观地评价不同来源淀粉的加工性能。例如：小麦淀粉的 PT 为 84.2℃，PV 为 138 RVU，BD 为 36 RVU，SB 为 200 RVU；马铃薯淀粉的 PT 为 66.5℃，PV 为 5386 RVU，BD 为 3452 RVU，SB 为 264 RVU。可见，马铃薯淀粉的 PT 较低，颗粒易吸水溶胀，PV 极高，黏度发展快，但 BD 很大，稳定性差，易受剪切破坏；小麦淀粉的 PT 较高，颗粒较致密，PV 和 BD 均较低，受剪切影响小，但 SB 较大，凝胶强度高，更易老化。这些 RVA 特性与淀粉的结构、组成密切相关，决定了其不同的加工适宜性。

RVA 可模拟淀粉在加工过程中的黏度变化，为配方设计、工艺优化提供依据。例如：在蒸煮挤压加工中，宜选择 PT 低、PV 高、BD 小的马铃薯、木薯等高黏淀粉，以获得膨化松脆的组织结构；而在焙烤加工中，宜选择 PT 高、PV 低、SB 高的小麦、玉米等中低黏淀粉，以获得有嚼劲的质地。在酱料加工中，则宜选择 PT 低、BD 小、SB 低的淀粉，以保持酱体的流动性和稳定性。此外，RVA 还可评价淀粉改性的效果，优选改性工艺。例如：预糊化可显著降低 PT，提高 PV；交联可减小 BD，提高稳定性；酯化可降低 SB，延缓老化。

但 RVA 测定的是表观黏度，易受温度、剪切、浓度等因素的影响，重现性有待提高。此外，RVA 只能提供单一剪切速率下的流变性质，难以全面评价淀粉体系的流变特性。因此，RVA 常与正弦振荡、稳态剪切等流变学方法联用，构建淀粉的多元流变谱，深入认识其结构流变关系。同时，RVA 与显微镜、DSC 等方法相结合，有助于从微观和宏观两个层次阐明淀粉糊化的结构基础。

淀粉的结构与性质是其功能性的物质基础，也是其应用开发的重要依据。本节系统介绍了淀粉结构与性质的主要表征方法，重点讨论了淀粉分子结构、形态结构、热性质、流变性质的测定原理和实验方法。

在分子结构表征方面，甲基化分析、顺序酶切-层析联用、核磁共振波谱等方法，可从不同侧面揭示淀粉的分子组成和链结构特点。甲基化分析可定性定量分析淀粉中糖苷键的类型和比例，但操作烦琐，灵敏度较低。顺序酶切-色谱法可分析淀粉的链长分布，操作相对简便，但分离能力有限。核磁共振可精细地分析淀粉分子的化学结构和空间构象，尤其是固体核磁技术还可实现淀粉结构的原位、无损表征。

在形态结构表征方面，光学显微镜、扫描电镜、激光衍射等方法，可多尺度、多角度地观察淀粉颗粒的大小、形状、表面特征。光镜可用于淀粉原初形貌的直观对比，但分辨率低，不易定量。扫描电镜可精细观察淀粉颗粒的微观结构，并通过图像分析获得颗粒的定量形态参数，但样品前处理可能引入人为损伤。激光衍射法可快速测定淀粉的粒度分布，评价其均匀性，但测量的是等效球形粒径，偏离颗粒的真实形貌。

在理化性质表征方面，X 射线衍射、差示扫描量热、快速黏度分析等方法，可系统评价淀粉的结晶态、热稳定性、糊化和老化特性。X 射线衍射可定性定量分析淀粉的结晶结构，但难以反映其微区不均一性，且结晶度的计算有一定误差。差示扫描量热可灵敏地检测淀粉的热致转变，定量测定其热力学参数，但结果易受样品状态和实验条件的影响。快速黏度分析可模拟评价淀粉在加工过程中的黏度变化，但重现性有待提高，难以全面反映淀粉的流变特性。

淀粉的结构与性质表征是一个综合运用物理、化学和生物学方法的系统工程。在实际研究中，应根据淀粉样品的类型、性质和研究目的，优选适宜的表征方法。同时，宜将不同方法优势互补，实现淀粉结构与性质的多层次、多维度表征。这不仅有助于加深对淀粉结构与功能关系的认识，也为开发新型淀粉基功能材料提供科学依据。未来，随着表征技术的创新突破，淀粉领域的精细结构解析、构效关系阐释、分子设计合成等方面，有望取得新的重大进展。

总之，淀粉结构与性质表征是一项系统性工程，需要综合运用多种分析方法，从不同角度、不同层次揭示淀粉分子的组成、结构、性质及其相互关系。随着分析技术的进步，一些新型表征方法不断涌现，如固态核磁共振、中子散射、原子力显微镜等，为淀粉结构与性质的深入研究提供了新的手段。与此同时，将传统表征方法与现代信息技术相结合，发展在线分析、过程分析、成像分析等新方法，实现淀粉加工过程的实时监测和智能控制，也是今后淀粉分析领域的重要发展方向。相信通过产学研的通力合作，淀粉结构与性质表征必将在淀粉科学研究和产业应用中发挥越来越重要的作用。

第三节 淀粉的流变性质与质构分析

淀粉的流变性质和质构特性是影响其加工性能和应用性能的重要因素，直接关系到淀粉及其制品的感官品质和使用体验。因此，准确表征和评价淀粉的流变性质与质构特性，对于指导淀粉的加工工艺、优化产品配方、改善口感质地具有重要意义。淀粉的流变性质主要包括黏度、剪切变稀、触变性等，质构特性主要包括硬度、黏聚性、弹性等。常用的流变学表征方法有旋转流变法、毛细管流变法等，质构学评价方法主要有质构仪分析法。

一、淀粉的流变性质表征

淀粉浆体在外力作用下呈现复杂的流变行为，如剪切变稀、触变性等，与其分子结构、聚集态结构密切相关。采用流变学方法，可定量表征淀粉浆体的黏弹性、触变性等，研究淀粉分子间相互作用及其对加工性能的影响。

旋转流变法是最常用的淀粉流变性质表征方法。将淀粉浆体置于同轴圆筒或圆锥板流变仪中，在恒定剪切速率或剪切应力下测定淀粉浆体的黏度和剪应力随时间的变化，得到流动曲线和黏度曲线。根据流动曲线的斜率可计算淀粉浆体的表观黏度、剪切变稀指数等参数，根据黏度曲线的形状可判断淀粉浆体的流动类型（牛顿流体、假塑性流体、剪切变稀流体等）。旋转流变法操作简便，重现性好，可模拟淀粉的实际加工条件，优化加工工艺参数。但旋转流变法的剪切速率较低，难以反映淀粉浆体在高剪切条件下的流变行为。

毛细管流变法可用于表征淀粉浆体的高剪切黏度。将淀粉浆体通过细长毛细管，在不同压差下测定其流量和压力降，根据泊肃叶定律方程计算剪切应力和剪切速率，得到高剪切条件下的流动曲线。根据流动曲线的斜率，可计算淀粉浆体的高剪切黏度、流动活化能等参数。毛细管流变法的剪切速率高，可模拟淀粉浆体在挤出、喷雾等高剪切加工过程中的流变行为，指导加工设备的设计和优化。但毛细管流变法的样品量较大，测试条件苛刻，仪器设备昂贵，限制了其推广应用。

此外，动态剪切流变法、压痕回复法等也是淀粉流变性质研究的重要手段。动态剪切流变法通过施加正弦剪应变，测定淀粉浆体的储能模量和损耗模量随频率的变化，表征其黏弹性；压痕回复法通过测量淀粉凝胶在瞬时压缩后的形变恢复过程，表征其触变性。这些方法从不同角度揭示淀粉浆体的流变行为，为淀粉产品的质构设计提供重要依据。

二、淀粉的质构特性评价

淀粉凝胶和淀粉基食品的质构特性直接影响其感官品质和消费者接受度。采用质构仪分析法，可模拟人的咀嚼过程，客观评价淀粉凝胶和食品的硬度、黏聚性、弹性等质构参数，为产品配方优化和品质控制提供科学依据。

质构仪分析法是应用最广泛的淀粉质构评价方法。将淀粉凝胶或食品样品置于质构仪平台上，用探头以一定速度和距离压缩或穿刺样品，测定样品的变形阻力随时间的变化，得到力一时间曲线。根据力一时间曲线的特征参数，如最大压缩力、正面积、负面积、弹性指数等，可定量评价样品的硬度、黏聚性、弹性、内聚性等质构特性。通过与感官评价结果的对比，可建立质构参数与口感描述词之间的相关性，实现质构特性的客观量化。

质构仪分析法操作简便，重现性好，可模拟不同的咀嚼方式和速度，全面评价样品的质构特性。目前已经建立了系列质构评价方法和标准，如刺破法、拉伸法等，适用于不同类型的淀粉基食品，如面包、糕点、面条、粥等。质构仪分析结果与感官评价结果具有较好的相关性，可用于产品质量的量化控制和感官品质的预测。

三、淀粉体系的旋转流变学研究

旋转流变学是应用最广泛的研究淀粉流变性质的方法。旋转流变仪通过控制转子以恒定转速或恒定扭矩作用于淀粉试样，测量其黏度等流变参数随剪切速率或剪切应力的变化规律，可定量评价淀粉体系的流动行为类型（牛顿流体、非牛顿流体、剪切变稀、剪切增稠等）、触变性（应力触变、时间触变）、屈服应力、表观黏度等重要流变性质。

（一）淀粉糊液的稳态流变测试

对于淀粉糊液而言，在恒温条件下施加剪切速率并测定黏度的过程，称为稳态流变测试。其具体步骤如下：

（1）仪器选择。根据淀粉糊液的黏度范围，选择合适的同轴圆筒、锥板等传感器系统。同轴圆筒适合低黏度样品，锥板适合中高黏度体系，平行板适合黏弹性体系。

（2）样品制备。按一定浓度配制淀粉糊液（如 5%～10%），充分搅拌均匀，静置脱泡。将试样小心装入传感器，微调间隙，使其表面与转子齐平，刮去多余样品。

（3）流动曲线测试。设定温度（如 25℃），在宽剪切速率范围（如 0.01～1000 s^{-1}）对样品施加剪切，每个剪切速率维持足够长的时间（如 1 min）以达到稳态流动，记录剪切速率与黏度的对应关系。

根据淀粉糊液的流动曲线，可判断其流动行为类型。牛顿流体的黏度与剪切速率无关，流动曲线为水平直线；假塑性流体（剪切变稀流体）的黏度随剪切速率增大而下降，曲线先平缓后陡峭；膨胀性流体（剪切增稠流体）的黏度随剪切速率增大而上升，曲线先陡峭后平缓；Bingham 塑性流体在屈服应力以下不流动，以上才开始剪切变稀，曲线先平直后转折。

对于非牛顿淀粉糊液，可用幂律模型、Herschel－Bulkley 模型等对其流动曲线进行拟合，得到反映其流变性质的定量参数：

（1）幂律模型。$\tau=K\ (d\gamma/dt)^n$。式中：τ 为剪切应力；$d\gamma/dt$ 为剪切速率；K 为稠度系数；n 为流动指数，$n<1$ 为假塑性流体，$n>1$ 为膨胀性流体，$n=1$ 为牛顿流体。

（2）Herschel－Bulkley 模型。$\tau=\tau_0+K\ (d\gamma/dt)^n$，式中 τ_0 为屈服应力，即淀粉糊液开始流动时的临界剪切应力。该模型可较全面地描述触变性淀粉糊液的流动行为。

旋转流变的稳态测试可定量评价淀粉糊液在连续剪切作用下的流动特性。如马铃薯淀粉在 5%～15%浓度下均表现为剪切变稀行为，随浓度升高，稠度系数 K 从 0.62 增至 17.9 Pa，流动指数 n 从 0.44 降至 0.29，即高浓度糊液的初始黏度高但剪切变稀程度大。木薯淀粉糊液则表现为典型的触变流体，在低剪切速率下有明显屈服应力，随浓度从 6%升至 10%，屈服应力从 10.5 Pa 升至 42.7 Pa。淀粉糊化程度、体系 pH 值、糖含量等也显著影响其稳态流变性质。因此，稳态流变实验应结合淀粉的结构、组成因素综合分析。

（二）淀粉糊液的动态流变测试

淀粉在加工和应用过程中还经常受动态剪切力的作用。因此，有必要进行动态流变测试，研究淀粉体系在周期性变形下的黏弹性响应。动态流变测试通过向淀粉施加正弦振荡的应变或应力，测量其动态模量随时间、频率或应变的变化，可评价其糊化、凝胶化、老化等状态的结构变化。

具体步骤如下：

（1）线性黏弹区的确定。在恒定频率（如 1 Hz）下，改变应变幅值（如 0.01%～100%），测量样品的储能模量（G'）和损耗模量（G''）随应变的变化。线性黏弹区为 G' 和 G'' 恒定不变的应变范围。

（2）频率扫描。选择线性黏弹区内的恒定应变（如 1%），在宽频率范围（如 0.1～100 rad/s）测试样品的 G' 和 G'' 随角频率的变化，获得机械谱。

（3）温度扫描。选择线性黏弹区内的恒定应变和频率（如 1%，1 Hz），在一定温度范围（如 25 ℃～95 ℃）测试样品的 G' 和 G'' 随温度的变化，获得淀粉的糊化/老化过程。

（4）时间扫描。在恒温（如 25 ℃）、恒定应变和频率下（如 1%，1 Hz），测试 G' 和 G'' 随时间的变化，评价淀粉凝胶的结构发展。

根据淀粉的动态流变谱，可定量判断其黏弹性状态。若 $G'>G''$，则以弹性主导，物质偏固态；若 $G'<G''$，则以黏性主导，物质偏液态。两者的交点对应淀粉糊化、凝胶化的临

界点。频率扫描可判断淀粉体系的结构类型：若 G' 和 G'' 均随频率增大而单调上升，无交点，则对应游离态溶液；若在某一频率两者交叉，则对应缠结态溶液；若 G' 和 G'' 平行，则对应凝胶态结构。温度扫描可判断淀粉的糊化程度：G' 突跃上升的起始点对应淀粉糊化启动温度，G' 的最大值对应完全糊化温度。时间扫描可判断淀粉老化过程：G' 连续上升说明形成了凝胶网络，G' 达到平台值说明凝胶强度趋于稳定。

动态流变的优势在于可原位、动态地监测淀粉体系的结构变化。如在 5%浓度下，马铃薯淀粉的糊化启动温度为 52℃，完全糊化温度为 67℃；在 15%浓度下，其糊化启动温度升至 58℃，完全糊化温度升至 78℃。这说明浓度越高，淀粉颗粒的充分溶胀和破裂需要更多的热能。玉米淀粉、小麦淀粉的糊化温度则明显高于马铃薯淀粉，这与其更高的结晶度和更坚固的颗粒结构有关。在老化过程中，高直链淀粉如普通玉米淀粉的储能模量持续上升，而高支链淀粉如马铃薯淀粉的模量增幅较小，说明直链结构更易老化，而支链结构有助于维持凝胶的稳定性。

但动态流变实验的结果易受实验参数如频率、应变、升温速率等的影响，不同研究者选择的参数差异可能导致结果缺乏可比性。此外，商用流变仪的频率和应变范围有限，难以全面模拟淀粉在实际加工中受到的剪切历程。因此，动态流变的结果仍需与其他表征方法相印证，并结合实际加工条件加以分析利用。可喜的是，近年来随着流变仪构造和控制技术的进步，一些新的测试模式如应变扫描、应力松弛、蠕变测试等不断涌现，极大拓宽了淀粉流变性质的表征空间。

四、淀粉凝胶的质构分析方法

淀粉糊化后冷却形成凝胶，其质构特性如硬度、胶黏性、弹性等是评价淀粉食品感官质量的重要指标。质构分析是以受控方式对食品施加应力（或应变），测量其变形（或应力）响应的一类方法。质构分析可客观评价淀粉凝胶的流变学和机械性质，与感官评价有较好的相关性。常用的质构分析方法包括织物强力机法、旋转剪切法等。其中，材料试验机法操作简便、数据直观，在淀粉凝胶研究中应用最为广泛。

材料试验机通过以恒定速度压缩或拉伸试样，获得其应力一应变曲线，可定量评价凝胶的硬度、胶黏性、弹性等力学性质。对于淀粉凝胶而言，较为理想的测试条件是双压缩模式，即探头以恒速向试样压缩至一定变形量（如初始高度的 80%），停顿几秒，再以原速度拉伸至初始高度，重复压缩一次，获得凝胶的双峰曲线。

分析步骤如下：

（1）仪器选择。根据淀粉凝胶的类型选择合适的探头，一般选用圆柱形平板探头（P/36R）。

（2）参数设置。将压缩速度设定为 1 mm/s，压缩变形量设定为 80%，两次压缩之间的停顿时间设定为5s。

(3) 样品制备：将淀粉糊液倒入规定尺寸的容器（如直径20 mm，高度20 mm）中，密封，冷藏一定时间（如24 h）后取出，平衡至室温，脱模，修整表面。

(4) 数据采集：将试样置于仪器工作台中央，启动测试程序，获得凝胶的力－时间和力－距离曲线。每个样品重复测定6次。

(5) 质构参数计算：根据TPA曲线，计算凝胶的质构参数。硬度为第一次压缩峰的最大力，内聚性为第二次压缩面积与第一次压缩面积之比，弹性为第二次压缩起点与第一次压缩终点间的距离与第一次压缩距离之比，胶黏性为第一次压缩的负面积，咀嚼性为硬度×内聚性×弹性。

TPA法可定量比较不同来源、浓度淀粉凝胶的质构特性。例如，10%浓度的马铃薯淀粉凝胶的硬度为0.85 N，胶黏性0.32 N·mm，而同浓度下木薯淀粉凝胶的硬度仅0.32 N，胶黏性0.12 N·mm，说明马铃薯淀粉具有更强的成胶能力。随淀粉浓度升高，凝胶的硬度和胶黏性均显著上升，内聚性和弹性下降。淀粉的结晶度、直/支比、糊化温度、老化速率等结构因素均显著影响其凝胶质构。例如，高直链淀粉易形成硬而脆的凝胶，而高支链淀粉形成的凝胶柔软有弹性。淀粉的磷酸酯含量、脂质复合物含量也影响其凝胶质构，如磷酸酯含量高的马铃薯淀粉，因分子间静电排斥而形成柔软的凝胶。

但TPA实验的结果易受试样制备条件、测试参数等因素的影响。淀粉浓度、糊化温度、冷藏时间、脱模方式等均会影响凝胶的质构参数。此外，TPA测试是一种经验性的半定量方法，其结果缺乏明确的流变学意义。因此，在比较不同来源数据时，需考虑实验条件的一致性。可喜的是，一些商用质构仪新开发了一些模拟性测试如挤出、切割、穿透等，可更准确地模拟淀粉基食品在加工和消化过程中受到的应力状态，使得质构分析结果与感官评价的相关性大幅提升。

五、淀粉的流变－质构关系研究

淀粉的加工性能和食用品质，是其宏观流变性质和微观结构状态的集中反映。深入理解淀粉的结构流变机制，阐明其感官质构与流变参数的内在联系，有助于优化淀粉加工工艺，开发高品质淀粉食品。目前，淀粉的流变－质构关系主要通过以下途径来研究：

（一）流变参数与质构参数的相关性分析

将淀粉糊液或凝胶在相同条件下进行流变学测试和质构分析，考察两类参数间的相关性，可初步判断淀粉体系的流变性质与其力学性质的关联程度。如Tang等测试了木薯淀粉凝胶的稳态流变、动态流变和TPA性质，发现凝胶的表观黏度、稠度系数与其硬度、胶黏性呈显著正相关，而凝胶的损耗正切、淀粉的糊化温度与其质构参数呈显著负相关。

这说明淀粉凝胶的硬度、胶黏性主要取决于其黏度水平，而弹性则更多地受淀粉的结晶度、糊化程度的影响。张文学等研究了玉米淀粉凝胶的旋转流变和TPA性质，发现在恒应变下，凝胶的储存模量、屈服应力与其硬度、胶黏性呈正相关。进一步地，他们采用偏最小二乘回归，建立了凝胶质构参数与其黏弹模量、频率的定量关系式，实现了质构性质的流变学预测。

但流变与质构的简单关联分析，缺乏明确的结构基础和机理解释。因为施加的应力大小、形式不同，两类实验下淀粉所经历的结构变化并不一致。况且淀粉体系常处于非平衡态，其流变和质构行为对测试条件的依赖性很强。因此，寻求具有明确结构指示意义的流变一质构关系式，是深入理解淀粉加工性能和感官质构的关键。

（二）分形理论描述淀粉的结构流变关系

分形理论是描述非线性复杂体系的多尺度结构与性质关联的有力工具。将分形理论引入淀粉的结构流变研究，有助于从数学和物理角度阐释淀粉加工和食用品质的微观结构基础。淀粉颗粒在溶胀和破裂过程中，形成了胶凝颗粒团聚体，其几何结构可用质量分形维数（Df）表征。Df越大，团聚体结构越紧密。

据此，Li等采用分形－流变方法研究了马铃薯和木薯淀粉在不同浓度下的溶胀和糊化行为。结果表明，随淀粉浓度升高，糊液的质量分形维数（3.5～4.5）和分形指数（0.3～1.2）均显著上升，说明高浓度促进了淀粉颗粒的充分溶胀和紧密堆积。同时，淀粉的结晶度、粒径分布、直/支比等结构因素对其Df和Δ值也有显著影响。进一步，他们发现淀粉凝胶的质构参数如硬度、胶黏性也与其Df和Δ值密切相关。建立了凝胶硬度与Df的分形模型：硬度∝C^（4/（（3－Df））），式中C为淀粉浓度。该模型较好地解释了凝胶硬度对淀粉浓度和糊化程度的依赖关系，为表征淀粉食品的感官质构提供了新思路。

总之，分形理论从数学和几何角度定量刻画了淀粉的多尺度网络结构特征，是理解其流变一质构宏观性质的微观结构基础。未来，随着淀粉精细结构表征技术的提升，分形理论有望实现淀粉流变性质和感官质构的跨尺度关联与预测，为淀粉的加工应用提供理论指导。

（三）多元统计分析揭示淀粉的结构流变机制

淀粉的感官质构是其组成、结构、加工等多因素综合作用的结果。采用主成分分析（PCA）、偏最小二乘回归（PLSR）、多元方差分析（MANOVA）等多元统计方法，可系统揭示淀粉体系的结构一流变一质构关系，为淀粉的定向改性和品质调控提供依据。Yang等采用PCA分析了不同品种马铃薯淀粉的理化性质与流变性质的相关性。结果表明，淀粉的膨胀力、溶解度是影响其稳态流变的关键因子，而粒径、磷酸酯含量则是影响其动态流变的主控因子。采用PLSR进一步建立了淀粉的表观黏度、凝胶强度与其理化性质的定量关系，发现采用粒径、膨胀力、磷酸酯含量三个变量，即可较准确地预测淀粉的稳态和动态流变参数。

多元统计分析可定量辨析影响淀粉加工和食用品质的关键因子，是优化淀粉品质的有力工具。张文学等采用逐步回归分析，建立了淀粉凝胶硬度与其浓度（X_1）、糊化温度（X_2）、糊化时间（X_3）、老化时间（X_4）的回归模型：硬度$=-2.16+6.73X_1+0.05X_2+0.02X_3+0.06X_4$（$R_2=0.92$）。基于该模型，采用响应面优化了凝胶硬度的制备工艺：淀粉浓度15%，糊化温度95℃，糊化时间25 min，老化时间60 h，在该条件下制得的凝胶硬度可达到3.21 N，与模型预测值（3.35 N）基本一致。Guo等采用MANOVA考察了淀粉品种（小麦、玉米、马铃薯）、浓度（5%～25%）、测试温度（25～65℃）等因素对其稳态和动态流变参数的影响显著性。结果表明，淀粉品种和浓度是影响其流变行为的最主要因素（$P<0.01$），且两因素间存在显著的交互效应。不同品种淀粉的流变差异主要源于其结晶度、粒径分布等结构特征的差异，而浓度效应则主要源于淀粉和水分子间的空间位阻作用。因此，在淀粉的结构流变研究中，有必要综合考虑淀粉的组成、结构、加工等因素的耦合作用。

随着多元统计分析在淀粉领域的不断深入应用，一些新的化学计量学方法如偏最小二乘判别分析（PLS－DA）、支持向量机（SVM）、人工神经网络（ANN）等也开始引入淀粉品质的表征和预测中。这些方法从线性到非线性，从定性到定量，极大拓宽了淀粉复杂体系的表征空间。如何将这些大数据驱动的方法与淀粉的多尺度实验表征相结合，构建淀粉品质的计算模型和预测平台，是未来淀粉科学的重要挑战和机遇。

淀粉的结构状态与其流变性质、质构特性密切相关，而准确表征淀粉的流变－质构特性，是深入认识其结构功能关系、优化其加工性能的前提和基础。本节较系统地介绍了淀粉流变性质和质构特性的研究方法，重点讨论了旋转流变、振荡流变、质构分析等实验方法的基本原理、操作技术和在淀粉体系中的应用。

旋转流变学主要包括稳态流变和动态流变两种测试模式。稳态流变通过控制剪切速率并测定黏度，可评价淀粉糊液的流动行为类型、触变性、屈服应力等参数，但测试过程易破坏淀粉的网络结构。动态流变通过施加周期性正弦应变并测定正切力，可原位、动态地监测淀粉体系的结构变化，表征其糊化、老化转变特性，但结果对实验参数较为敏感。总之，将稳态与动态流变结合，可较全面地刻画淀粉的流动行为。

质构分析是评价淀粉食品感官质量的重要方法。通过对食品进行模拟性的压缩或拉伸，获得反映其硬度、胶黏性、弹性等参数的力－时间曲线，但结果易受试样制备和测试条件的影响。新型质构仪引入了挤出、切割、穿透等多种测试模式，使质构参数与感官评分的相关性大幅提高。质构分析与流变学测试的结合，可更准确地预测淀粉食品的口感品质。

淀粉的流变一质构关系研究，是实现其加工性能调控和食用品质优化的理论基础。目前，主要通过流变参数与质构参数的相关分析，分形理论解释和多元统计分析等方法，来揭示淀粉体系的结构一流变一质构关联。简单的参数关联缺乏明确的结构基础，而分形理论能从数学和物理角度阐释淀粉凝胶网络的几何特征与流变功能的内在联系。多元统计分析可定量评价影响淀粉品质的关键因子，为工艺优化和新品开发提供依据。随着淀粉精细结构表征和大数据分析技术的提升，构建淀粉跨尺度结构流变模型，实现其加工和感官品质的定向调控，将成为未来淀粉科学的重要方向和目标。

随着质构分析技术的进步，一些新型的质构评价方法不断涌现，为淀粉质构特性研究提供了新的思路。例如：拉曼光谱成像技术可实现淀粉样品质构分布的无损可视化分析；声学指纹技术可实时监测淀粉凝胶形成过程中的质构变化；电子舌技术可模拟人的味觉感知，评价淀粉食品的口感特征。这些新方法从宏观、微观、分子水平上揭示淀粉质构的形成机制，为淀粉食品的质构设计和品质改良提供重要理论指导。

此外，将传统的质构分析方法与现代信息技术相结合，发展智能化、集成化的质构评价系统，实现淀粉及其制品品质的在线监测和实时控制，是淀粉质构分析的重要发展方向。例如：将质构仪与计算机视觉、红外光谱等非破坏性检测技术联用，建立质构品质的快速无损检测模型；将质构分析与感官评价、消费者偏好分析相结合，构建面向消费者需求的质构品控体系。通过产学研用的密切合作，不断创新淀粉质构分析理论、方法和技术，必将推动淀粉科学研究的深入和淀粉产业的可持续发展。

第四节 淀粉老化特性的评价方法

淀粉在加工、储藏过程中易发生老化。淀粉老化是指淀粉分子结构重排的过程，主要包括直链淀粉的重结晶、支链淀粉的聚集、淀粉与其他成分的相互作用等。淀粉老化会导致其凝胶强度增加、黏度下降、蒸煮和酶解性能下降，极大影响淀粉食品的加工适宜性和感官品质。因此，准确评价淀粉的老化特性，揭示其老化机制，对延缓淀粉老化，维持其优良品质具有重要意义。本节将重点介绍淀粉老化特性的常用评价方法，包括 DSC 法、X 射线衍射法、核磁共振法、胶黏度法等，并结合实际案例讨论这些方法在淀粉老化机理研究中的应用。

淀粉老化是指淀粉糊液或淀粉凝胶在储藏过程中发生的一系列物理化学变化，主要包括淀粉分子的重结晶、支链的缔合、水分的迁移等，导致淀粉基食品硬化、黏性降低、口感变差等品质劣变。淀粉老化是影响淀粉加工利用的重要因素，直接关系到淀粉制品的货架期和消费者接受度。因此，深入研究淀粉老化的机理，准确评价淀粉的抗老化性，对于延缓淀粉老化、改善产品品质、提高经济效益具有重要意义。

一、淀粉老化特性的感官评价

感官评价是评价淀粉老化特性的直观方法。将淀粉糊化凝胶或淀粉基食品分装于密闭容器中，在一定温度下储藏一定时间后，由训练有素的感官评定员按照规定的感官评价方法，从色泽、气味、组织状态、口感质地等方面对样品进行描述性评价，判断样品的老化程度及可接受性。感官评价结果直观、可靠，与消费者感知密切相关，是评价淀粉抗老化性的金标准。

感官评价法简便、快速，不需要昂贵的仪器设备，可用于淀粉及其制品抗老化性的日常检验和品质监控。但感官评价结果易受评定员的生理、心理状态影响，重现性较差。且感官评价只能获得淀粉老化的宏观信息，难以揭示淀粉老化的微观机制。因此，在淀粉老化特性研究中，通常将感官评价与仪器分析相结合，从宏观和微观两个层面系统评价淀粉的抗老化性。

二、淀粉老化特性的仪器分析

仪器分析法可从多个角度定量表征淀粉老化过程中的结构变化和性质变化，揭示淀粉老化的本质。常用的仪器分析方法有差示扫描量热法、X 射线衍射法、固态 13C 核磁共振法、质构仪分析法等。

差示扫描量热法可用于评价淀粉老化过程中的热力学变化。将新鲜制备的淀粉糊化凝胶和老化后的淀粉凝胶进行 DSC 分析，通过比较其吸热峰的温度和焓值，可定量评价淀粉的老化程度。随着老化的进行，淀粉的吸热峰温度升高，焓值增大，反映了老化过程中淀粉分子的重结晶、双螺旋结构等。DSC 法可灵敏地检测淀粉结构的细微变化，是评价淀粉抗老化性的理想方法。但 DSC 法样品用量较少，代表性受限，且对样品的制备和热历史较为敏感。

X 射线衍射法可用于表征淀粉老化过程中的结晶结构变化。将新鲜和老化的淀粉样品进行 XRD 分析，根据其特征衍射峰的位置和强度，可判断淀粉的结晶型和结晶度。随着老化的进行，淀粉的 B 型结晶逐渐向 A 型结晶转变，V 型复合物结晶逐渐形成，结晶度不断升高，反映了老化过程中淀粉分子的重排和有序化。XRD 法可直观地展示淀粉结晶结构的演变过程，与淀粉老化特性密切相关。但 XRD 法只能提供结晶区的结构信息，难以反映无定型区的变化。

固态 13C 核磁共振（CP/MAS NMR）法可用于分析淀粉老化过程中的分子构象变化。通过比较新鲜和老化淀粉样品的 13C NMR 谱，可判断淀粉分子中 C1 位的构象（helix 和 coil 构象）含量。随着老化的进行，淀粉分子中规则的双螺旋构象逐渐增多，无规则的无规线团构象逐渐减少，反映了老化过程中分子链的构象转变和秩序度提高。与 XRD 法相比，NMR 法不仅可提供结晶区的结构信息，还可提供无定形区的结构信息，能更全面地刻画淀粉老化行为。但 NMR 法的样品制备复杂，仪器设备昂贵，限制了其推广应用。

质构仪分析法可用于评价淀粉老化过程中的质构变化。通过比较新鲜和老化淀粉凝胶或食品的硬度、黏聚性、内聚性等质构参数，可定量评价淀粉的老化程度。随着老化的进行，淀粉凝胶的硬度增大，黏聚性降低，内聚性下降，这与淀粉分子的重结晶、支链的缔合、水分的迁移等微观变化密切相关。质构仪分析法操作简便，重现性好，可直观反映淀粉老化带来的质构劣变，与感官评价结果相关性高，在淀粉基食品的品控中应用广泛。但质构仪测定易受样品尺寸、形状、制备方法的影响。

三、淀粉老化特性的影响因素

淀粉老化是一个复杂的过程，受淀粉的来源、组成、结构、糊化条件等多种因素的影响。研究淀粉老化特性的影响因素，有助于深入理解淀粉老化机制，优化抗老化淀粉的设计与应用。

首先，不同植物来源的淀粉，其抗老化性存在显著差异。一般来说，高直链淀粉含量的马铃薯、木薯淀粉老化较快，而高支链淀粉含量的玉米、小麦淀粉老化较慢。这是因为直链淀粉易于形成紧密规则的双螺旋结构，而支链淀粉的分支结构妨碍了螺旋的形成和堆积。因此，可通过调控淀粉的直/支比，优化其抗老化性能。例如，利用淀粉 branching enzyme 将直链淀粉转化为支链淀粉，可有效延缓面包、馒头等淀粉基食品的老化。

其次，淀粉的精细结构，如分子量分布、支链分布、磷酸酯含量等，也显著影响其老化特性。例如，分子量分布较窄、支链较短的淀粉，易于形成致密的结晶区，因而更易老化；而分子量分布宽、长链含量高的淀粉，形成的结晶区疏松，抗老化性更好。又如，马铃薯淀粉中的磷酸酯基团可提高淀粉分子链的疏水性和构象柔顺性，从而延缓老化。因此，可通过调控淀粉的精细结构，如选择性降解长链、选择性磷酸化等，来改善其抗老化性。

再次，淀粉的糊化条件，如糊化温度、糊化时间、剪切应力等，也是影响老化特性的重要因素。例如：低温糊化有利于支链淀粉的充分水合溶胀，形成的凝胶网络疏松，更易于重结晶，因而老化速度更快；而高温糊化则有利于直链淀粉重排，形成紧密的凝胶基质，抑制了老化进程。又如，长时间、高应力的剪切糊化，使其在老化过程中不易重结晶，从而改善抗老化性。因此，可通过优化淀粉糊化加工工艺，调控其初始结构状态，达到延缓老化的目的。

除上述因素外，储藏条件（如温度、湿度）、复配添加物（如脂肪、蛋白、糖等）也会显著影响淀粉老化特性。在实际应用中，需要综合考虑各种影响因素，针对性地采取抗老化措施，如调控储藏条件、优化复配比例等，以延长淀粉基产品的货架期。总之，只有在深入理解淀粉老化微观机制的基础上，综合运用生物、化学、加工等手段调控影响因素，才能最大限度地发挥淀粉的抗老化潜力，推动淀粉产业的健康可持续发展。

四、淀粉老化的 DSC 表征

差示扫描量热法通过测定样品热焓随温度的变化，可灵敏地检测淀粉老化引起的结构转变。当老化淀粉再次加热时，因老化过程中形成的新结晶熔解，在 DSC 曲线上会出现一个吸热峰，该峰的起始温度（T_o）、峰顶温度（T_p）、终止温度（T_c）、焓变（ΔH）等参数，可定量反映淀粉的老化程度。

（一）淀粉老化过程的 DSC 分析

采用 DSC 动态监测淀粉在恒温条件下老化全过程，可揭示其老化动力学特征。具体步骤如下：

（1）配制一定浓度（如 5%～40%）的淀粉糊液，密封于 DSC 铝坩埚中，经快速升温糊化（如 20℃/min 升至 95℃）后，快速降温至目标老化温度（如 4℃、25℃、50℃等）。

（2）在 DSC 仪上设定恒温模式，在目标老化温度下连续恒温一定时间（如 7 天），每隔一定时间（如 3 h、12 h、1 天、3 天、5 天、7 天）取出样品，于 10℃/min 升温至 95℃，获得老化样品的热谱曲线。

（3）以未老化样品为对照，根据热谱曲线计算淀粉在不同时间点的老化焓（ΔH）。

（4）以老化时间 t 为横坐标，老化焓 ΔH 为纵坐标，得到淀粉在该温度下的 $\Delta H-t$ 老化曲线。将 ΔH 对时间 t 作图，即得淀粉老化的动力学曲线。根据曲线形状可判断淀粉的老化级数和速率。

研究表明，淀粉老化动力学曲线多呈“S”形，存在缓慢、加速和稳定三个阶段。淀粉种类、老化温度显著影响其老化速率和程度。如在 4℃冷藏条件下，7 天时小麦淀粉的老化焓达 8.5 J/g，是同期玉米淀粉（5.2 J/g）的 1.6 倍，马铃薯淀粉（2.4 J/g）的 3.5 倍，说明小麦淀粉更易老化。升高老化温度，可加快淀粉的老化进程，如 25℃时小麦淀粉在 3 天即达到与 4℃、7 天时相当的老化程度。研究还发现，淀粉老化符合 Avrami 动力学方程：$\Delta H(t)/\Delta H\infty=1-\exp(-ktn)$，式中 $\Delta H(t)$ 为 t 时刻的老化焓，$\Delta H\infty$ 为平衡老化焓，k 为表观速率常数，n 为 Avrami 指数，与淀粉结晶的成核机制有关。小麦、玉米淀粉的 n 值多在 1.0 左右，为杆状结晶；马铃薯淀粉的 n 值多在 0.6 左右，为片状结晶。

DSC 动态分析可定量比较不同来源、结构淀粉的老化特性，揭示影响淀粉老化的关键因素。研究表明，直链含量高、聚合度大的淀粉更易老化，而支链含量高、B 型结晶的淀粉老化较慢。淀粉糊化程度、体系水分、脂质、糖类添加剂等也显著影响其老化速率。因此，分析淀粉老化 DSC 谱图时，需结合其结构组成因素综合解释。

（二）DSC 评价淀粉抗老化改性效果

采用 DSC 也可评价淀粉经化学改性后的抗老化性能。例如，将天然淀粉与改性淀粉在相同条件下老化后，比较其 DSC 曲线特征，即可判断改性对淀粉抗老化性的影响。研究发现，经横向交联（如 POCl3、EPI）、接枝改性（如接枝癸烯基琥珀酸酐、辛烯基琥珀酸酐）后，淀粉的老化峰温显著升高，老化焓和老化指数（老化焓/糊化焓）显著下降，抗老化稳定性提高。这是因为引入的支链基团阻碍了直链淀粉的重结晶。而经羧甲基化、羟丙基化改性后，淀粉的老化温度区间变宽，老化焓略有下降，抗老化性能也有所改善，这是因为取代基团增加了淀粉分子链的空阻效应和亲水性。值得注意的是，高度取代反而导致淀粉分子间相互作用力增强，不利于抑制老化。因此，优化改性工艺，控制取代度在适宜范围，是提高淀粉抗老化性能的关键。

DSC 分析可快速、灵敏地检测淀粉老化引起的结构变化，是评价淀粉抗老化性的有效方法。该法样品用量少，重现性好，可实现淀粉老化全过程的动态监测。但 DSC 主要反映的是淀粉结晶区的变化，对无定形区的结构重排不够敏感。此外，样品的最佳浓度、升温速率、热焓计算方法等还有待进一步优化。因此，DSC 常与其他方法联用，以期全面准确地评价淀粉的老化特性。

五、淀粉老化的 X 射线衍射分析

淀粉老化过程伴随结晶度的变化。X 射线衍射可实时监测淀粉结晶结构随老化的演变，定量评价其结晶度对老化的贡献。

采用 XRD 动态跟踪淀粉在恒温条件下的老化过程，可揭示其结晶结构的变化规律。具体步骤如下：

（1）取适量淀粉样品，充分糊化后，密封于聚四氟乙烯样品池中，置于在线 XRD 样品台上。

（2）设定老化温度（如 4℃），每隔一定时间（如 10 min）采集一次 XRD 谱图，扫描范围 3°～30°（2θ），扫描速率 6（°）/min。连续监测 24 h。

（3）定性分析不同时间点的 XRD 谱图变化，判断淀粉结晶型的演变。采用曲线拟合法，将 XRD 谱图分解为结晶峰和非晶包峰，计算结晶度随时间的变化。

（4）以老化时间 t 为横坐标，结晶度 X_c 为纵坐标，得到淀粉的 $X_c - t$ 老化曲线。

(5) 对 X_c-t 曲线进行一阶、二阶动力学方程拟合，比较动力学参数，分析淀粉老化的结晶机制。

研究发现，高直链淀粉在老化过程中易发生 B 型向 A 型结晶转变，而高支链淀粉的结晶型变化不明显。X_c-t 曲线进一步揭示，淀粉老化符合岑一阿伏拉多（Cahn-Avrami）动力学模型：$X_c(t)=X_{c0}\{1-\exp[-k(t-t_0)n]\}$，式中 X_{c0} 为平衡结晶度，t_0 为结晶诱导期，k 为结晶速率常数，n 为阿伏拉多指数。小麦淀粉的 n 值为 1.3，为杆状结晶；马铃薯淀粉的 n 值为 0.7，为片状结晶。这与 DSC 结果一致。值得注意的是，淀粉老化的结晶度变化（10%～20%）远小于热焓变化（可达糊化焓的 60%），说明淀粉老化不仅有结晶区的重排，可见，多元统计方法可将淀粉的感官质构与其影响因素建立定量关联，便于理解和调控淀粉的加工性能。但多元统计通常需要大量的实验数据作支撑，且所得模型的适用范围和泛化能力有限，在实际应用时需谨慎验证。

淀粉的流变性质和质构特性是其在食品和非食品领域广泛应用的基础。淀粉在加工、运输、消化等过程中呈现出丰富的流变学行为，如剪切变稀、剪切增稠、触变等，这些行为与其在不同时空尺度上的结构变化密切相关。同时，淀粉基食品的感官质构如硬度、胶黏性、弹性等，也是其多尺度结构在力学作用下的宏观表现。因此，深入理解淀粉的结构、流变与质构三者的内在关联，对指导淀粉的加工应用和品质调控具有重要意义。

本节系统介绍了淀粉流变性质和质构特性的研究方法，重点讨论了旋转流变、振荡流变、质构分析等实验方法的基本原理、关键技术和应用实例。旋转流变可通过控制剪切速率或剪切应力，测定淀粉糊液的黏度、流动曲线等稳态流变参数，表征其流动行为类型。振荡流变可通过施加正弦应变或应力，测定淀粉的动态模量、机械谱等动态流变参数，原位监测其结构变化。质构分析可通过压缩、拉伸等方式测定淀粉凝胶的硬度、胶黏性等力学性质，客观评价其感官质构。淀粉的化学组成（如直/支比、磷酸酯含量）、精细结构（如结晶度、粒径分布）和加工条件（如浓度、温度）均显著影响其流变和质构特性。

本节还讨论了几种探索淀粉流变一质构关系的研究思路。采用相关分析可初步判断淀粉的流变参数与质构参数的关联程度和影响模式。引入分形理论可从数学和物理角度阐释淀粉体系的结构流变机制。运用多元统计分析可定量辨识影响淀粉感官质构的关键因子，优化其制备工艺。这些方法从不同侧面揭示了淀粉加工性能和食用品质的微观结构基础，为开发高品质淀粉产品提供了理论支撑。

展望未来，淀粉流变性质和质构特性的研究仍大有可为。一方面，随着流变仪和质构仪等实验装置的更新换代，一些新的测试模式和分析方法不断涌现，极大拓宽了淀粉体系的表征空间；另一方面，随着淀粉精细结构解析技术的突破，多尺度、多维度的结构信息日益丰富，为深入理解淀粉的结构流变机制提供了新的机遇。此外，将流变学、质构学与多元统计、分形理论等数学方法相结合，有望实现淀粉宏观品质与微观结构的定量关联与调控，促进淀粉产业的转型升级。未来，淀粉领域的流变学和质构学研究，必将在多学科交叉融合中不断突破创新，推动淀粉基功能材料的理论研究和应用开发迈上新台阶。

第六章　淀粉基材料的开发与应用前景

第一节　淀粉基生物降解材料

近年来，随着环保意识的增强和可持续发展理念深入人心，开发可再生、可降解的生物基材料成为新材料领域的重要发展方向。淀粉作为一种来源广泛、价格低廉、完全生物降解的天然高分子材料，在生物基材料的开发中得到越来越多的关注。利用淀粉的热塑性和成膜特性，通过共混改性、嵌段共聚、接枝等方法，可制备出各种性能优异的淀粉基生物降解材料，在包装、农业、日化等领域具有广阔的应用前景。

一、淀粉基生物降解塑料

淀粉基生物塑料是目前开发最成熟、应用最广泛的一类淀粉基生物降解材料，主要包括纯淀粉塑料、淀粉/聚合物共混塑料、淀粉接枝共聚物塑料等。其中，纯淀粉塑料是指以淀粉为主要成分（≥90%），并添加增塑剂、成核剂等助剂，经熔融挤出、注塑等方法加工而成的可完全生物降解塑料。纯淀粉塑料具有价格低、环保等优点，但其力学性能较差，耐水性、阻隔性较低，主要应用于一次性餐具、包装薄膜等低端领域。

为了改善纯淀粉塑料的使用性能，通常采用淀粉与其他高分子共混改性的方法。例如，将淀粉与聚乙烯、聚乳酸等疏水性高分子共混，可显著改善淀粉塑料的强度和韧性、耐水性和阻隔性，在农用地膜、包装袋等领域得到推广应用。又如，将淀粉与聚氧化乙烯、聚乙二醇等亲水性高分子共混，可改善其与水的相容性，制得完全水溶性的淀粉塑料，可用于水溶膜包装、植物育苗等领域。但是，简单共混改性虽然制备工艺简单，却容易导致淀粉与高分子相容性差，力学性能提升有限。

为了从根本上解决淀粉塑料的性能问题，化学改性尤其是接枝共聚改性备受关注。通过在淀粉分子上接枝聚酯、聚氨酯等高分子链段，可在分子层次上实现淀粉与合成高分子的复合，制得高性能的淀粉接枝共聚物塑料。例如，以马铃薯淀粉为主链，L-丙交酯为侧链单体，通过开环聚合可制备淀粉-g-聚乳酸（SPLA）共聚物。SPLA 兼具淀粉的生物降解性和 PLA 的高强韧性，拉伸强度可达 40 MPa 以上，断裂伸长率高达 500%，在包装薄膜、农用地膜等领域展现出良好的应用前景。

此外，将改性淀粉与纳米材料复合也是开发高性能淀粉基生物塑料的重要途径。例如，将淀粉接枝物与纳米纤维素复合可大幅提高材料的力学性能和热稳定性，将改性淀粉与有机黏土复合则可显著提升材料的阻隔性和耐水性。这些淀粉基纳米复合材料在食品包装等高端领域得到广泛关注。

二、淀粉基生物发泡材料

淀粉基发泡材料是以淀粉及其改性产物为主要原料，通过化学或物理发泡工艺制备的多孔泡沫塑料。与苯乙烯、聚氨酯等传统石化发泡材料相比，淀粉基发泡材料具有原料来源广泛、价格低廉、完全生物降解等特点，在包装缓冲、隔热保温、栽培基质等领域极具应用潜力。根据发泡方式不同，可分为淀粉化学发泡材料和淀粉物理发泡材料。

淀粉化学发泡材料是通过化学发泡剂的热分解产生气体，形成孔隙结构的发泡塑料。常用的化学发泡剂有偶氮二甲酰胺（ADCA）、碳酸氢铵等。化学发泡法可采用挤出发泡、注塑发泡等加工方式，工艺简单，设备投入少，是目前淀粉基发泡材料的主要制备方法。但化学发泡剂分解产物易残留于材料中，影响发泡材料的环保性和安全性。因此，在食品包装等对安全性要求较高的领域，化学发泡法并不适用。

淀粉物理发泡是利用物理发泡剂（如五氟利昂、CO_2、N_2 等）的气化膨胀，形成孔隙结构的发泡塑料。物理发泡剂安全无毒，发泡过程无化学残留，发泡材料绿色环保。但物理发泡对设备要求较高，且发泡倍率和孔隙率通常低于化学发泡。近年来，淀粉物理发泡技术得到长足进步，超临界流体发泡、微波发泡等新型发泡技术不断涌现，极大拓宽了淀粉物理发泡材料的应用空间。例如，将改性淀粉与超临界 CO_2 复合发泡，可制得孔隙率高达 90%、压缩强度达到 1 MPa 的淀粉泡沫塑料，在食品包装、生物医用支架等领域展现出诱人的应用前景。

近年来，将淀粉/纤维复合发泡引入天然植物纤维，制备仿木发泡材料，成为淀粉基发泡材料的研究热点。例如，将马铃薯淀粉与竹浆纤维复合，经双螺杆挤出发泡可制得兼具高强度和低密度的仿木淀粉发泡材料，密度低至 0.1 g/cm^3，压缩强度高达 5 MPa，完全可用于装饰装修、家具结构件等领域，替代实木材料。引入植物纤维不仅可显著增强淀粉发泡材料的力学性能，而且纤维的存在可诱导形成更加细密均匀的孔隙结构，从而改善发泡材料的综合性能。

三、淀粉基水处理材料

淀粉及其衍生物在废水处理、土壤修复等环境治理领域也有广泛应用前景。利用淀粉的吸附性、螯合性、絮凝性，可开发各种高效环保的淀粉基水处理材料，如淀粉基重金属吸附剂、淀粉基染料吸附剂、淀粉基絮凝剂等。

淀粉是一种典型的亲水性高分子，表面含有大量羟基，易与重金属离子发生配位螯合作用。因此，淀粉可作为重金属污染水体修复的天然吸附剂。研究表明，微球化马铃薯淀粉对水中 Cu^{2+} 的平衡吸附量可高达 96.8 mg/g，优于活性炭等传统吸附材料。而将淀粉进行接枝改性，引入巯基、氨基、羧基等与重金属离子具有更强配位能力的官能团，可进一步提高其吸附容量和选择性。例如，壳聚糖接枝马铃薯淀粉对 Cr^{6+} 的饱和吸附量高达 458 mg/g，是原淀粉的 4 倍以上。值得一提的是，与活性炭等传统吸附剂相比，改性淀粉基吸附剂价廉易得，饱和后还可通过生物降解的方式原位去除，具有显著的经济和环境效益。

淀粉也可作为染料废水处理的高效吸附剂。淀粉分子中的羟基可与染料分子发生氢键、疏水作用等，从而将染料从水相中分离去除。研究发现，玉米淀粉对活性艳蓝KN-R的最大吸附量可达 1000 mg/g，远高于商品化吸附树脂。而经过醚化、接枝等改性后，淀粉对染料的吸附容量和速率可进一步提高。例如，羟丙基淀粉接枝聚丙烯酰胺后，对活性艳蓝 KN－R 的平衡吸附量提高到 1400 mg/g 以上，30 min 即可完成 90％以上的吸附过程。

淀粉还可作为高分子絮凝剂，用于污水、废水的絮凝沉淀处理。淀粉经接枝阳离子基团后，可通过电荷中和、架桥吸附等机制，使水中胶体颗粒、细小悬浮物絮凝成大颗粒沉淀，从而实现固液分离，降低水的浊度。例如，淀粉接枝二甲基二烯丙基氯化铵（DMD）制得的淀粉季铵盐絮凝剂，对高岭土悬浮液的絮凝率可达 95％以上，沉降速度是明矾的 3 倍，对 pH 值适应范围宽，适合工业废水处理。与无机絮凝剂相比，淀粉基絮凝剂絮体疏松，泥饼含水率低，不易造成二次污染，在城镇污水深度处理等领域极具应用前景。

四、淀粉基药物缓释材料

淀粉也是药物缓控释领域的优质载体材料。利用淀粉的生物相容性、可降解性、易修饰性，可赋予药物制剂缓释、靶向、刺激响应等智能特性。例如：将疏水性药物分子包埋于淀粉凝胶微球中，可获得典型的扩散控释系统，实现药物分子在体内的持续、缓慢释放；将淀粉接枝 pH 值敏感性高分子，制备 pH 值响应性药物载体，可实现药物在特定 pH 值条件下的定点释放；而将抗体接枝于淀粉纳米颗粒表面，则可构建主动靶向给药系统，提高药物的靶向性和生物利用度。

近年来，有学者提出利用淀粉的酶致降解特性，制备具有智能响应释放功能的淀粉基药物载体。例如，将α-淀粉酶包埋于淀粉微球内，可制得自催化降解型药物缓释微球。体外释放研究表明，该微球可实现药物分子的零级缓释，且通过调控α-淀粉酶的用量，可精确控制药物释放的速率和时限。更有研究者设计了葡萄糖响应型胰岛素缓释微球。将胰岛素与葡萄糖氧化酶共包埋于淀粉微球内，当周围环境中葡萄糖浓度升高时，葡萄糖在氧化酶催化下产生葡萄糖酸，引发微球快速降解，从而实现胰岛素的智能脉冲式释放。小鼠实验表明，经皮下注射该微球可实现血糖水平的自动调控，有望成为新一代“人工胰腺”系统。可以预见，随着酶工程、基因工程等生物技术与淀粉药物载体的深度融合，更多结构新颖、功能多样的智能响应型缓释制剂将不断涌现。

淀粉基餐饮具的制备通常采用注塑成型、热压成型等方法，通过改性和复合可使其力学性能和耐水性满足使用要求。例如，将马铃薯淀粉经环氧氯丙烷交联改性后，与PLA复合，制备的淀粉/PLA复合餐饮具耐热性可达100℃，耐水性良好，力学性能优于纸浆模塑餐具，可降解性优于聚苯乙烯塑料餐具。淀粉基包装材料利用淀粉发泡成型制备淀粉泡沫，或者将淀粉与植物纤维复合制备淀粉/纤维复合材料，替代传统的聚苯乙烯泡沫塑料和瓦楞纸板，在缓冲包装、礼品包装等领域得到推广应用。

淀粉基卫生用品利用淀粉/聚合物共混吹塑制备高吸水性薄膜，或将改性淀粉溶液喷涂于无纺布上制备可降解涂层，赋予产品优异的透气性、亲肤性和生物降解性。例如，采用湿法纺丝技术，以马铃薯淀粉为原料制备水刺无纺布，将其用作婴儿尿布面层，与聚丙烯覆膜无纺布相比，透气性提高2倍，回潮率降低20%，并可在50天内完全降解，有望成为下一代绿色环保的婴儿尿布材料。

总之，淀粉基生物降解材料依托淀粉的热塑性、成膜性、发泡性等优异性能，通过共混改性、复合加工等方法制备，在包装、农业、日用消费品等领域展现出巨大的应用潜力，对减少环境污染、实现可持续发展具有重要意义。随着淀粉改性技术的不断进步，产品性能和工艺水平的提高以及环保意识的增强，淀粉基生物降解材料必将得到更加广泛的应用，在塑料产业“绿色革命”中发挥越来越重要的作用。未来，进一步开发高性能、高值化的改性淀粉产品，拓展在生物医用、电子信息等高端领域的应用，将成为淀粉基材料的主攻方向。同时，加强标准体系、认证体系建设，完善产业政策，构建从原料供应、加工制备到终端应用的全产业链协同创新体系，也将是淀粉基生物降解材料实现规模化应用的关键。

第二节　淀粉基水凝胶材料

淀粉是天然的多糖类水凝胶材料，具有无毒、生物相容性好、来源广泛等优点，但其力学强度低，导电性差，限制了在诸多领域中的应用。近年来，淀粉基水凝胶材料的研究日益受到关注。利用物理、化学、生物等方法对淀粉进行改性，可赋予其优异的力学性能、导电性能、响应性等新功能，极大地拓宽了淀粉水凝胶的应用领域。淀粉基水凝胶材料在组织工程、药物缓释、柔性电子、水处理等领域显示出良好的应用前景。

一、淀粉基组织工程支架材料

组织工程支架材料要求具有优异的生物相容性、可降解性、多孔性和力学性能。天然淀粉水凝胶虽然生物相容性好，但力学强度较低，难以满足人体组织修复的要求。研究表明，通过对淀粉进行化学交联、接枝改性等，可大幅改善其力学性能和细胞相容性，制备出高强度、高孔隙率的组织工程支架材料。

例如，以甲基丙烯酸修饰的马铃薯淀粉为原料，通过冷冻干燥和光固化技术制备双交联淀粉水凝胶支架，其压缩模量高达 1.2 MPa，孔隙率达 90%以上，能够有效承载成骨细胞并诱导成骨分化，在骨组织工程领域极具应用潜力。又如，将壳聚糖接枝到氧化淀粉上，再通过戊二醛交联，制备仿生软骨组织工程支架，既保持了淀粉水凝胶的柔韧性，又引入了壳聚糖的生物活性，对软骨细胞的增殖具有显著促进作用，有望用于关节软骨缺损修复。

此外，将淀粉与多肽、DNA 等生物大分子复合，通过自组装、静电纺丝等技术制备仿生纳米纤维支架，在形貌和化学微环境方面都能更好地模拟细胞外基质，从而增强支架的组织诱导性和细胞黏附性。这类生物复合水凝胶支架在神经、心脏等组织工程领域的应用研究方兴未艾，有望突破人工材料与生命体相容的瓶颈。

二、淀粉基药物缓控释水凝胶

淀粉基药物缓控释水凝胶可将药物分子包埋于凝胶网络中，利用水凝胶对环境的响应性，如 pH 值响应、温度响应等，实现药物分子释放的智能调控，在缓控释给药系统、创面修复等领域有广阔应用前景。与其他合成或天然高分子水凝胶相比，淀粉水凝胶的优势在于原料来源广泛、价格低廉、生物相容性好。

例如，以羧甲基淀粉为原料，通过高能 γ 射线辐照交联，制备 pH 值响应性水凝胶，将布洛芬包埋于凝胶中，在 pH 值 7.4 时药物累积释放率低于 5%，而在 pH 值 9 时 30 min 内释放率即可达 80%以上，实现了胃溶肠控释给药。又如，以马铃薯淀粉为原料，通过冷冻-解冻处理制备多孔淀粉水凝胶，将染料木素包埋于凝胶孔隙中，室温下药物 3 天释放率维持在 60%左右，而在 37℃时释放率可达 90%，有望用于缓释创面药物和热疗药物。

为进一步提高淀粉基水凝胶的机械强度和药物缓释性能，通常采用纳米复合改性策略。例如，将淀粉与合成锂皂石纳米黏土复合，再通过冷冻干燥制备纳米复合水凝胶，其压缩模量可达 200 kPa，药物累积释放时间长达 60 天以上，显著优于单一淀粉水凝胶。这主要是由于合成锂皂石纳米片层阻碍了水凝胶网络的塌陷，同时也延缓了药物分子的扩散。类似地，采用淀粉/石墨烯、淀粉/碳纳米管等纳米复合技术，制备高强度、长效缓释水凝胶，也受到广泛关注。随着纳米材料制备和复合技术的不断进步，淀粉基纳米复合水凝胶有望在组织修复和药物递送领域取得更大突破。

三、淀粉基柔性导电水凝胶

柔性导电水凝胶兼具水凝胶的柔韧性和导电高分子的导电性，在柔性电子领域备受青睐。传统的导电水凝胶大多基于聚吡咯、聚苯胺等合成导电高分子，存在生物相容性差、环境稳定性低等问题。近年来，以天然高分子尤其是多糖类为基体，通过掺杂导电组分制备的淀粉基导电水凝胶材料逐渐兴起，展现出良好的应用前景。

例如，将淀粉与聚吡咯纳米线复合，再通过硼酸交联制备双网络导电水凝胶，其导电率可达 10 S/m，拉伸强度高达 1.2 MPa，断裂伸长率达到 400%，且在 100 次拉伸循环后导电率无明显衰减。这得益于淀粉水凝胶网络的柔韧性，以及聚吡咯纳米线网络的互穿导电性。将该导电水凝胶用作柔性应变传感器，其灵敏度高达 20，响应时间小于 100 ms，有望用于人体运动检测和健康监测。

又如，以氧化石墨烯和淀粉接枝丙烯酸为原料，通过一步水热反应制备自愈合导电水凝胶，其导电率可达 5 S/m，压缩应变高达 80%，且在反复压缩 100 次后导电率仍能保持 90%以上。更重要的是，该水凝胶具有优异的自愈合能力，断裂面在常温下 5 min 即可完全愈合，导电率恢复至原始值的 95%以上。这主要得益于淀粉接枝物分子链上的动态共价键和非共价键相互作用。这类自愈合导电水凝胶材料有望用于柔性可穿戴电子、生物医用电极等领域。

此外，通过静电纺丝、3D 打印等先进制备技术，还可赋予淀粉基导电水凝胶各种精细微观结构，如纤维状、多孔状等，从而进一步提高其比表面积和离子传输能力，扩大其在柔性超级电容器、可穿戴能量存储器件等领域的应用。总之，淀粉基导电水凝胶材料既保持了水凝胶的生物相容性和柔韧性，又引入了导电组分的导电性和功能性，代表了导电水凝胶材料的重要发展方向。未来，进一步优化淀粉与导电组分的复合方式，制备高导电、高强度、多功能的复合水凝胶材料，并发展其在智能可穿戴、人机界面等前沿领域的应用，将是备受期待的研究重点。

四、淀粉基水处理水凝胶

淀粉基水凝胶还在水处理领域展现出良好的应用前景，可用于重金属污染水体修复、染料废水脱色、油水分离等。淀粉水凝胶网络中含有大量亲水性基团，如羟基、羧基等，可通过静电引力、螯合作用等机制吸附水中污染物。同时，淀粉水凝胶还具有优异的溶胀性和渗透性，利于水分子和污染物分子的扩散传质，从而提高净化效率。

例如，以羧甲基淀粉为原料，通过高能辐照交联制备高强度淀粉水凝胶，对水中 Pb^{2+}、Cd^{2+}、Hg^{2+} 等重金属离子具有优异的吸附性能，饱和吸附量可达 200 mg/g 以上。吸附机理研究表明，淀粉水凝胶中的羧基与重金属离子形成配位螯合作用，而凝胶网络的多孔结构则有利于金属离子的扩散和传质，从而提高吸附容量和吸附速率。值得注意的是，该淀粉基吸附剂对重金属离子的选择性优于对 Na^{+}、K^{+} 等无毒金属离子，这对实际废水处理至关重要。此外，淀粉基吸附剂经酸洗处理后，其吸附容量可恢复至初始值的 90%以上，可重复使用 5 次以上，具有良好的再生性能和循环利用价值。

在染料废水处理方面，通过对淀粉进行接枝阳离子或疏水基团修饰，可显著提高其对阴离子染料和疏水性染料的吸附能力。例如，以壳聚糖接枝马铃薯淀粉为原料，通过戊二醛交联制备两性离子水凝胶，对水中活性艳蓝 KN-R 染料的饱和吸附量高达 800 mg/g，是活性炭的 4 倍以上。热力学研究表明，染料分子与凝胶网络之间存在静电引力、氢键、疏水作用等多重相互作用，使其结合更加牢固。动力学研究表明，水凝胶吸附过程符合准二级动力学模型，表明染料在吸附剂表面发生了化学吸附。此外，两性离子水凝胶对 pH 值、盐度等水质条件适应性强，循环使用 6 次后吸附量仍可保持在 500 mg/g 以上，适合工业化废水处理。

在油水分离方面，将淀粉水凝胶进行疏水改性，引入超疏水纳米颗粒等，可制备出对油具有超强亲和力和选择性的智能响应水凝胶。当油水混合物通过水凝胶时，油滴被吸附截留，而水分子则可自由通过，从而实现油水高效分离。例如，以辛烯基琥珀酸酐改性的淀粉和 SiO_2 纳米颗粒为原料，通过自由基共聚制备疏水纳米复合水凝胶，其对十六烷等有机溶剂的吸附量高达 20～40 倍自重，而对水的吸附量却低于 5%。值得注意的是，经十六烷饱和吸附后的水凝胶仍能维持较好的机械完整性，表明其骨架强度较高。受外界挤压时，水凝胶可释放出所吸附的溶剂，再生后可重复使用。这类智能疏水水凝胶材料有望用于含油废水处理、溢油应急处置等领域。

总之，淀粉基水凝胶材料以其独特的多孔网络结构、优异的吸附性能和环境友好特性，在水处理领域展现出诱人的应用前景。通过对淀粉进行物理、化学改性以及与其他功能材料复合，可充分发挥淀粉水凝胶吸附剂的优势，克服其机械强度低、选择性差等不足，从而拓展其在重金属废水、染料废水、含油废水等领域的应用。未来，进一步加强淀粉水凝胶吸附机理和吸附动力学研究，优化材料设计和制备工艺，并开展吸附剂再生与资源化利用等研究，对于淀粉基水处理材料的产业化推广应用至关重要。同时，积极响应国家节能减排、污染治理的号召，加强淀粉基吸附材料与其他水处理工艺如混凝、氧化、生物处理等的集成耦合，建立多级净化与循环利用体系，将是淀粉基材料在环保领域大展拳脚的又一重要方向。相信在产学研用各方的共同努力下，淀粉基水凝胶材料必将在污染治理与资源利用中发挥越来越重要的作用，为建设资源节约型、环境友好型社会做出更大贡献。

第三节　纳米淀粉材料

一、纳米淀粉材料的制备方法

与普通淀粉相比，纳米淀粉具有比表面积大、溶解性好、分散性强、生物相容性高等优异性能，在食品、医药、材料等领域具有广阔的应用前景。目前，制备纳米淀粉的方法主要包括物理法、化学法、酶解法以及复合改性法等，下面将对这些方法进行详细介绍。

（一）物理法制备纳米淀粉

物理法制备纳米淀粉是通过机械力、热力、声力等物理作用，使淀粉颗粒破碎、解聚，从而获得纳米级淀粉颗粒的方法。常用的物理制备方法有高压均质法、球磨法、超声处理法等。

1. 高压均质法

高压均质法是利用高压均质器产生的高压差和高速流体剪切力，使淀粉悬浮液通过狭窄的缝隙，从而使淀粉颗粒破碎、解聚为纳米尺度。Liu 等采用高压均质法，在压力为70MPa、循环次数为 7 次的条件下，制备了平均粒径为 123nm 的马铃薯纳米淀粉，产率达到了 85%。高压均质法操作简单、易于放大，是一种有前景的纳米淀粉制备方法。

2. 球磨法

球磨法是将淀粉悬浮液与氧化锆珠等硬质球体一起放入球磨罐中，通过高速旋转和球体的撞击、研磨作用，使淀粉颗粒破碎为纳米尺度。Shi 等以普通玉米淀粉为原料，采用湿式球磨法，在球磨时间为 3h、转速为 600 r/min 的条件下，制得了平均粒径为 94nm 的玉米纳米淀粉。球磨法工艺简单、设备要求低，且制得的纳米淀粉分散性好，但能耗较高，产率偏低。

3. 超声处理法

超声处理法是利用超声空化效应产生的剪切力、冲击力等作用，使淀粉颗粒破碎为纳米尺度的方法。超声频率越高，能量越集中，对淀粉颗粒的破碎作用越强。Jambrak 等以玉米淀粉为原料，在 500W 功率、20kHz 频率下超声处理 15min，制备了平均粒径为 80～120nm 的纳米淀粉。超声法制备纳米淀粉速度快、效率高，但能耗大、成本较高。

总的来说，物理法制备纳米淀粉操作简单、环境友好，无化学试剂残留，获得的产品纯度高。但物理法能耗较大，设备投资成本高，且制备的纳米淀粉分散性和稳定性有待提高。此外，单纯的物理法难以获得粒径均一、形貌规整的纳米淀粉颗粒。

（二）化学法制备纳米淀粉

化学法制备纳米淀粉主要是通过化学试剂对淀粉进行水解、氧化、交联等化学反应，破坏淀粉颗粒的结构，使其解聚为纳米尺度。常见的化学制备方法包括酸解法、氧化法、交联法等。

1. 酸解法

酸解法是利用无机酸（盐酸、硫酸等）或有机酸（柠檬酸、乙酸等）水解淀粉分子中的 α-1，4-和 α-1，6-糖苷键，使淀粉颗粒水解、解聚为纳米级颗粒的方法。酸解过程受酸浓度、温度、时间等因素影响。为避免过度水解导致产率降低，酸解过程需严格控制。Angellier 等以玉米淀粉为原料，用 2.2mol/L 硫酸，在 40℃水解 5 天，制得了粒径为50～100nm 的纳米淀粉，产率为 15%左右。酸解法工艺简单、成本低，但反应时间长，产率较低，且产品中残留酸不易去除。

2. 氧化法

氧化法是采用双氧水、次氯酸钠等氧化剂，在一定条件下选择性地氧化淀粉分子中的羟基，破坏淀粉颗粒结构，制备纳米淀粉的方法。张霞等以马铃薯淀粉为原料，在 pH 值为 9.5、双氧水浓度为 10%、反应温度为 95℃的条件下氧化 2h，获得了平均粒径为 75nm 的纳米级马铃薯淀粉。氧化法反应条件温和，且氧化产物易溶于水，便于纯化，但氧化过程中易引入羧基等活性基团，影响产品性能。

3. 交联法

交联法是先用环氧氯丙烷、戊二醛等交联剂对淀粉进行交联，增强颗粒结构，然后用物理法或酸解法制备纳米淀粉的方法。交联改性可提高淀粉颗粒的耐酸、耐热性能，防止水解过程中过度降解。Kim 等先用 1，4-丁二醇对玉米淀粉进行交联，然后用 α-淀粉酶水解，制得了粒径约为50nm的纳米淀粉。交联法制备的纳米淀粉，粒径分布均匀，形貌规整，但交联过程引入了外源化学物质，可能影响产品安全性。

与物理法相比，化学法制备纳米淀粉粒径小、分散性好，产率也相对较高。但化学法存在反应时间长、污染大、产品纯度低等问题，使用时需注意残留化学试剂的安全性。此外，化学改性会破坏淀粉的天然结构，引入外源基团，可能影响其性能。

（三）酶解法制备纳米淀粉

酶解法是利用淀粉酶（如α-淀粉酶、β-淀粉酶、糖化酶等）选择性地水解淀粉分子中的α-1，4-和α-1，6-糖苷键，从而使淀粉颗粒破碎、解聚为纳米尺度的方法。与化学水解相比，酶解反应条件温和，专一性强，水解程度易于控制，且无化学残留，产品安全性高。但酶解法成本较高，对酶的要求高，反应时间也相对较长。

Kim等采用α-淀粉酶水解玉米淀粉，在最适酶活力下，55 ℃水解4 h，获得了粒径小于50 nm的球形纳米淀粉颗粒，产率达到了35%。武丽梅等以木薯淀粉为原料，用α-淀粉酶进行酶解，在淀粉浓度5%、酶添加量0.08%、pH值6.5、55 ℃条件下水解2 h，制备出平均粒径为67 nm的纳米木薯淀粉。

除了α-淀粉酶，糖化酶也可用于制备纳米淀粉。LeCorre等用糖化酶水解马铃薯淀粉，在最适pH、温度条件下，用1000U/g淀粉的酶量水解2 h，获得了平均粒径为84 nm的纳米马铃薯淀粉，产率为44%。糖化酶水解淀粉的机理与α-淀粉酶不同，主要从非还原末端开始逐步切断α-1，4-糖苷键，因此水解速度略慢，但最终产物的粒径分布更加均匀。

总的来说，酶解法制备纳米淀粉具有环境友好、专一性强、产品安全等优点，但存在成本高、反应时间长的问题。酶解法与物理法结合，如先用球磨破碎淀粉颗粒，再用酶水解的方法，可在一定程度上克服单一方法的不足，获得粒径小、分散性好、成本低的纳米淀粉。此外，酶解过程中产生的寡糖等副产物，也可进一步开发利用，实现淀粉资源的梯级转化与高值化应用。

（四）复合改性制备纳米淀粉

为进一步改善纳米淀粉的性能，研究者开发了多种复合改性方法，如物理一化学复合法、多步物理法、化学接枝改性等，制备出性能优异的新型纳米淀粉材料。

1. 物理一化学复合法

物理一化学复合法是在物理破碎的基础上，再进行化学改性，或在化学改性的同时辅以物理处理，从而获得性能更佳的纳米淀粉。Liu等采用高压均质结合酶水解的方法，先将马铃薯淀粉均质到粒径约200nm，再用α-淀粉酶水解2 h，获得了平均粒径仅为36 nm的纳米马铃薯淀粉。该方法制备的纳米淀粉粒径小且均一，分散性和热稳定性显著提高。

2. 多步物理法

多步物理法是采用两种或多种不同的物理方法，通过多步骤处理，逐步将淀粉颗粒解聚至纳米尺度。Sun 等以高粱淀粉为原料，首先采用湿式球磨将淀粉破碎至亚微米级，然后经 700W 功率超声 40min，获得了平均粒径为 94nm、粒径分布更加均匀的纳米高粱淀粉。与单一方法相比，多步物理法制备的纳米淀粉粒径更小、分散性更好，产率和效率也大幅提高。

3. 化学接枝改性

化学接枝改性是在纳米淀粉的制备过程中，通过化学键合的方式，在淀粉分子上接枝亲水性或疏水性基团，从而调控纳米淀粉的溶解性、分散性等性能。马丽娜等在制备马铃薯纳米淀粉的同时，用环氧氯丙烷进行交联改性，并用辛烯基琥珀酸酐（OSA）进行疏水化，制得了疏水性 OSA 改性纳米淀粉。该纳米淀粉具有优异的疏水分散性、热稳定性，有望用于皮克林乳液、药物传递等领域。

总之，复合改性法可充分发挥不同方法的优势，相互补充，制备出性能更加优异的纳米淀粉材料。但复合改性会增加工艺步骤，提高生产成本，实际应用中需要权衡利弊。此外，化学改性引入的外源基团，虽然赋予了纳米淀粉新的功能，但也可能带来安全性风险，使用时需谨慎评估。

（五）不同制备方法的比较

综上所述，物理法、化学法、酶解法以及复合改性法等，都可用于制备纳米淀粉，但不同方法各有优、缺点。下面从粒径、形貌、产率、成本等方面对这些方法进行比较。

粒径和形貌是评价纳米淀粉的重要指标。一般来说，化学法和酶解法制备的纳米淀粉粒径较小（通常小于 100nm），粒径分布也相对均匀，而物理法制备的纳米淀粉粒径相对较大（大于 100nm）。复合改性法可获得粒径更小、分散性更好的纳米淀粉。此外，酶解法和复合改性法制备的纳米淀粉多为球形，而化学法和物理法制备的纳米淀粉形貌不规则。

就产率而言，化学法和酶解法明显高于物理法，可达 30%以上，而物理法的产率通常低于 20%。复合改性法因工艺路线不同，产率差异较大，但一般高于单一方法。就成本而言，物理法设备投入大，但无化学试剂消耗，总体成本适中；化学法和复合改性法试剂成本高，尤其一些改性试剂价格昂贵；酶解法设备投入小，但酶制剂成本非常高，导致生产成本偏高。

在安全性方面，物理法和酶解法制备的纳米淀粉最为安全，无化学残留；化学法和复合改性法使用了化学试剂，产品中可能残留反应物，在食品、医药等领域应用时需要严格的安全性评估。在功能化方面，化学法和复合改性法可在制备过程中引入各种官能团，赋予纳米淀粉新的功能，如疏水性、荧光性、导电性等，而物理法和酶解法难以实现纳米淀粉的功能化。

综合来看，没有哪种制备方法是完美的，都有各自的优、缺点。物理法设备投资大，但绿色安全；化学法产率高，但试剂成本高，产品安全性差；酶解法产品质量好，但酶价格昂贵；复合改性法性能优异，但工艺复杂。实际选择制备方法时，需要根据纳米淀粉的应用领域和性能要求，综合考虑产品质量、成本、安全性等因素，权衡利弊，选择最合适的方法。

在食品、医药等对安全性要求高的领域，建议优先选择物理法和酶解法；对粒径大小、分散性要求高的领域，复合改性法更具优势；对成本更为敏感，化学法可能是更好的选择。此外，不同方法还可以互相结合，取长补短，如物理法预处理，再进行化学改性或酶解处理，既可改善产品质量，又可降低成本、缩短反应时间。

总之，纳米淀粉的制备方法仍在不断发展和完善中。开发绿色、高效、经济的制备新方法，提高产品质量和收率，降低生产成本，将是今后纳米淀粉研究的重要方向。同时，加强不同方法制备的纳米淀粉的性能评价和安全性研究，建立质量标准和安全管理规范，对于推动纳米淀粉的工业化应用也至关重要。

二、纳米淀粉材料的表征手段

纳米淀粉作为一种新型功能材料，其粒径、形貌、结构、理化性质等都与普通淀粉有很大差异，直接影响其应用性能。因此，采用合适的分析表征手段，准确评价纳米淀粉的微观结构和性质，对于深入认识其构效关系，优化制备工艺，拓宽应用领域至关重要。下面将重点介绍纳米淀粉材料表征的常用方法，主要包括显微镜技术、光谱学技术、热分析技术等。

（一）扫描电子显微镜分析

扫描电子显微镜（SEM）是利用聚焦电子束扫描样品表面，通过接收二次电子信号，获得样品表面形貌的放大像的一种显微镜技术。SEM 具有放大倍数高、景深大、分辨率高等特点，可直观地观察纳米淀粉的微观形貌。不过，SEM 观察的是样品表面形貌，很难观察到纳米淀粉内部结构。此外，由于淀粉导电性差，SEM 样品需要先进行干燥和喷金处理。

在纳米淀粉的表征中，SEM 主要用于观察纳米淀粉颗粒的大小、形状、表面特征以及分散性等。武丽梅等采用 SEM 观察了酶解法制备的木薯纳米淀粉，发现其呈现球形颗粒，粒径均匀（50～100 nm），且分散性良好，无明显团聚。董婉婷等用 SEM 表征了亚微米级马铃薯淀粉，发现其表面粗糙，有大量微孔和沟壑状结构，这可能与制备过程中的高压均质作用有关。

尽管 SEM 可直观地呈现纳米淀粉的微观形貌，但其空间分辨率较差（约为 10 nm），不能观察更细微的结构。此外，SEM 图像的定量分析也存在一定困难。因此，在纳米淀粉的研究中，SEM 常与其他表征手段联用，以获得更全面的结构信息。

（二）透射电子显微镜分析

透射电子显微镜（TEM）利用电子束穿过超薄样品，投射到荧光屏上，形成样品内部结构的高分辨透射图像，是研究纳米材料内部精细结构的有力工具。与 SEM 相比，TEM 分辨率更高（可达 0.1nm），不仅可观察纳米淀粉的表面形貌，还能分析其内部结构。但 TEM 样品制备相对复杂，需要将样品制备成厚度小于 100nm 的超薄切片。

在纳米淀粉领域，TEM 主要用于分析纳米淀粉的粒径分布、形貌特征、聚集状态以及结晶结构等。采用 TEM 观察了酶解法制备的马铃薯纳米淀粉，发现纳米颗粒呈现不规则的椭球形，粒径分布在 30～80nm，内部有层状结构，表明淀粉的结晶区未被完全破坏。Le Corre 等用高分辨 TEM 分析了大米淀粉纳米晶体，观察到了清晰的结晶层片，层间距为 0.6～0.7 nm，与淀粉的双螺旋结构一致。

TEM 不仅能观察纳米淀粉的微观形貌结构，还可与电子衍射、能谱等联用，分析其化学组成和晶体结构。张霞等将马铃薯纳米淀粉的 TEM 与选区电子衍射相结合，发现纳米淀粉的衍射斑点清晰，呈现典型的 B 型淀粉结晶特征。刘成伟等将 TEM-EDS 用于淀粉纳米复合材料的表征，证实了纳米 SiO_2 颗粒均匀分散在淀粉基体中。

尽管 TEM 分辨率高，但样品的制备和观察相对困难，且图像分析定量化程度不高。此外，TEM 只能观察极小范围内的形貌结构，样品的代表性有待提高。因此，在纳米淀粉的表征中，TEM 常与 SEM、AFM 等结合使用，以获得更可靠的结果。

（三）原子力显微镜表征

原子力显微镜（AFM）是一种利用针尖与样品表面间作用力的变化，获得样品表面三维形貌图的扫描探针显微镜。AFM 具有原子级分辨率，可实现对绝缘体样品的观察，且能在大气环境下进行。与 SEM、TEM 相比，AFM 不需要复杂的样品制备，可直接观察纳米淀粉的表面形貌，尤其适合分析分散状态下的单个纳米淀粉颗粒的形貌特征。

在纳米淀粉领域，AFM 主要用于表征纳米淀粉颗粒的粒径、形状、表面粗糙度以及团聚状态等。闫昊等采用 AFM 对马铃薯淀粉酶解产物进行了表征，发现单个纳米颗粒呈现规则的椭球形，平均高度为 20～30nm，分散性良好，表面平整光滑，无明显凹凸。汤海龙等用 AFM 分析了玉米淀粉经湿法球磨制备的纳米淀粉，观察到大量不规则片状结构，粒径为 50～100 nm，团聚现象明显。

除了表面形貌分析，AFM 还可用于测量纳米淀粉的黏弹性、硬度等力学性质。李明等将 AFM 与力曲线测试相结合，原位表征了纳米淀粉膜的纳米力学行为，发现纳米淀粉膜的弹性模量约为 2GPa，远高于普通淀粉膜，且在微区内力学性质差异显著，这与纳米淀粉的结构不均匀性密切相关。

AFM 虽然分辨率高，但成像范围小（通常小于 100 μm），很难对样品的整体形貌进行分析。此外，AFM 容易受到样品表面粗糙度的影响，使得图像产生失真。因此，在纳米淀粉的表征中，AFM 常与其他显微镜技术互为补充，以全面认识其微观结构。

（四）X 射线衍射分析

X 射线衍射（XRD）是利用 X 射线与结晶样品发生衍射作用，获得样品晶体结构信息的一种技术。XRD 谱图中衍射峰的位置和强度，可反映样品的晶体结构类型、晶面间距、结晶度等特征。对于部分结晶的淀粉，XRD 谱图同时包含尖锐的结晶峰和弥散的非结晶峰。

在纳米淀粉领域，XRD 主要用于分析纳米化对淀粉结晶结构的影响。天然淀粉主要有 A 型、B 型、C 型和 V 型四种晶型，不同晶型在 XRD 谱图中呈现出特征性的衍射峰。魏晓等对酸解法制备的马铃薯纳米淀粉进行 XRD 表征，发现其衍射峰强度显著降低，半峰宽增大，表明结晶度下降，晶粒尺寸减小，但 B 型晶体结构得以保留。李永祥等用 XRD 研究了高压均质法制备的玉米纳米淀粉，同样观察到结晶度的下降，但晶型由 A 型向 V 型转变，这可能与淀粉分子间作用力减弱、结构重排有关。

此外，XRD 还可定量计算纳米淀粉的结晶度。结晶度通常用两相模型估算，即将 XRD 谱图拟合为结晶相和非结晶相两部分，由两相面积之比求得。黄俐等将该方法应用于马铃薯纳米淀粉的结晶度分析，发现随着酸解时间延长，纳米淀粉的结晶度由 34%降至 17%，表明酸解过程逐步破坏了淀粉的结晶区。需要注意的是，两相拟合法可能低估纳米淀粉的结晶度，因为纳米晶体的 XRD 衍射峰普遍较宽，容易与非结晶基线重叠。

尽管 XRD 可准确表征纳米淀粉的结晶结构，但其无法分析淀粉的短程有序结构，如双螺旋、微晶束等。此外，XRD 只能得到样品整体的平均结晶信息，无法反映局部结构的差异性。因此，在纳米淀粉的结构分析中，XRD 常与红外、固态 NMR 等谱学方法联用，以获得分子水平的结构信息。

（五）差示扫描量热与热重分析

差示扫描量热（DSC）和热重（TG）分析是两种常用的热分析技术，可测定样品在加热过程中的热效应变化和失重情况，由此分析样品的热稳定性、相转变行为等。DSC 测试可获得样品的比热容、熔点、玻璃化转变温度等热力学参数；而 TG 测试可得到样品的热分解温度、分解历程、残炭量等信息。

在纳米淀粉研究中，DSC 主要用于分析纳米化对淀粉的热转变行为的影响。天然淀粉在加热过程中，会发生玻璃化转变、熔融、老化等一系列热事件，在 DSC 曲线上表现为特征性的吸放热峰。周莉等对酶解法制备的马铃薯纳米淀粉进行 DSC 分析，发现其玻璃化转变温度较原淀粉降低，熔融峰变宽，焓值降低，表明纳米化削弱了淀粉分子间作用力，降低了热稳定性。何姣等研究了均质法制备的玉米纳米淀粉的热性能，观察到老化峰面积明显减小，说明纳米淀粉的老化趋势减弱。

与DSC相比，TG在纳米淀粉热稳定性表征方面更具优势。李秋艳等用TG和DTG（微分热重）法评价了酸解玉米纳米淀粉的热稳定性，结果表明，酸解使得纳米淀粉的热分解温度由311℃降至276℃，最大失重速率提高，残炭量减少，说明其热稳定性下降。武丽梅等将TG与红外光谱联用，在线分析了酶解木薯纳米淀粉的热解产物，证实了纳米淀粉在热解过程中淀粉结构被逐步破坏，生成CO_2、H_2O等小分子。

热分析虽然可定性定量评价纳米淀粉的热稳定性，但是很难获得其微观结构变化的信息。此外，热分析受样品状态、升温速率等因素影响较大，不同实验条件下的结果可比性不强。因此，在纳米淀粉热性能研究中，热分析常与XRD、NMR等微结构分析方法相结合，以阐明其热响应行为的结构基础。

（六）傅里叶变换红外光谱表征

傅里叶变换红外光谱（FTIR）是一种利用分子振动和转动吸收红外光的频率差异，获得分子官能团组成和化学结构信息的光谱分析技术。FTIR具有快速、灵敏、样品用量少等优点，可实现对有机物的定性和半定量分析。淀粉分子中含有大量羟基、C—H、C—O等基团，在红外光谱上呈现出特征性的吸收峰。

在纳米淀粉领域，FTIR主要用于分析纳米化过程中淀粉分子结构的变化，以及表面改性引入的官能团。Herrera等用FTIR研究了增韧剂改性对马铃薯淀粉纳米复合材料结构的影响，发现改性使得3500cm^{-1}羟基伸缩振动峰强度降低，2900cm^{-1} C—H伸缩振动峰变宽，1650cm^{-1} C=O伸缩振动峰出现，表明增韧剂通过氢键、疏水作用等与淀粉分子发生相互作用。Castillo等采用二维相关红外光谱分析了木薯淀粉在酶水解过程中的结构演变，证实了1050cm^{-1}和1020cm^{-1}处C—O伸缩振动峰强度的变化与支链淀粉水解程度密切相关。

除了结构信息，FTIR还可定量或半定量分析纳米淀粉的取代度、接枝率等。朱兰兰等利用FTIR对马铃薯淀粉经辛烯基琥珀酸酐（OSA）疏水改性后的取代度进行了定量分析，发现1725cm^{-1}酯基峰面积与取代度呈良好的线性关系，可用于取代度的快速测定。段丽君等用FTIR研究了马铃薯淀粉接枝壳聚糖后的结构变化，根据1560cm^{-1}酰胺II峰与1150cm^{-1}C—O峰强度之比，半定量计算了淀粉的接枝率，并优化了接枝反应工艺。

尽管FTIR可提供丰富的化学结构信息，但其空间分辨率较低，无法分析纳米淀粉的微区结构。此外，淀粉的红外吸收峰较宽，容易发生重叠，不利于精细结构的表征。因此，FTIR常与其他谱学手段如拉曼光谱、固态NMR联用，以弥补其不足，获得更完善的结构认知。

三、纳米淀粉材料的性能研究

纳米淀粉独特的粒径、形貌、结构，赋予其优异的物理化学性能，在食品、医药、材料等领域展现出广阔的应用前景。深入认识纳米淀粉材料的结构与性能之间的关系，对于指导纳米淀粉的制备、加工与应用，推动淀粉资源的高值化利用具有重要意义。下面将从形貌、结构、热性能、流变性能、阻隔性能、力学性能等方面，对纳米淀粉材料的性能特点及影响因素进行系统阐述。

（一）纳米淀粉的形貌与尺寸

纳米淀粉的形貌与尺寸是最重要的结构特征，直接关系到比表面积、溶解性、分散性等一系列性能。通常，纳米淀粉多呈现球形、椭球形、片状等形貌，粒径分布在几十到几百纳米范围。制备方法和淀粉来源的差异，导致纳米淀粉的形貌和尺寸呈现多样性。

物理法制备的纳米淀粉，如球磨法、均质法等，由于受到强烈的机械作用力，淀粉颗粒被“外力粉碎”，形貌多不规则，常见有片状、凹凸不平的球形等，且粒径分布较宽。Pichet 等采用湿球磨法制备了平均粒径为 183nm 的生田碱米淀粉，SEM 和 AFM 观察发现其呈片状结构，表面粗糙，分散性较差。化学法制备的纳米淀粉，如酸解法、氧化法等，淀粉颗粒在化学试剂作用下发生“内部瓦解”，形貌相对规整，以球形、椭球形为主，粒径分布较窄。Liu 等用硫酸水解马铃薯淀粉，制得粒径为 50～100nm 的球形纳米淀粉，分散性良好。

酶解法制备的纳米淀粉，形貌尺寸与酶的种类和水解程度密切相关。α-淀粉酶选择性切断 α-1，4-糖苷键，β一淀粉酶切断 α-1，6-糖苷键，而糖化酶、葡糖淀粉酶等具有外切酶活性，从非还原末端逐步降解淀粉链。因此，α-淀粉酶水解产物多为粒径较大的不规则颗粒，β-淀粉酶水解产物以粒径较小的球形颗粒为主，外切酶则得到粒径分布均匀的纳米晶体。Kim 等用 α-淀粉酶水解玉米淀粉 6h，获得了平均粒径 183nm 的椭球形颗粒。张霞等用 β-淀粉酶处理马铃薯淀粉，随着酶解时间延长，纳米淀粉粒径由 398nm 降至 62nm，分散性显著提高。孔繁花等采用葡糖淀粉酶酶解木薯淀粉，制得粒径约 50nm、分散性好的纳米晶体。

淀粉的来源也影响纳米淀粉的形貌尺寸。不同植物来源淀粉，其粒径、结晶度、支链淀粉含量等特性差异较大，导致纳米化过程和产物的形貌尺寸不尽相同。研究发现，马铃薯、木薯等块茎类淀粉制备的纳米淀粉，粒径通常大于谷物淀粉，而高直链淀粉含量的蜡质玉米淀粉更易获得尺寸均一的纳米晶体。总之，纳米淀粉的形貌尺寸多样性，既为其功能化应用提供了更多选择，也对阐明其结构与性能的关系提出了更高要求。

（二）纳米淀粉的结晶结构

天然淀粉是一种半结晶聚合物，含有结晶区和非结晶区。结晶区主要由直链淀粉分子平行排列形成双螺旋结构，并进一步堆积成密排结晶，表现出规整的层状结构；非结晶区则主要由支链淀粉和直链淀粉的无序部分组成，结构疏松。纳米化过程破坏了淀粉的结晶结构，使其结晶度下降，但结晶特性并未消失。

XRD 分析发现，纳米淀粉的结晶度普遍低于其原始淀粉。Liu 等制备的酸解马铃薯纳米淀粉，其结晶度由 34.2%降至 22.5%。张霞等制备的氧化木薯纳米淀粉，结晶度从 38.6%降至 15.2%。结晶度的下降主要是纳米化过程破坏了淀粉的有序结构，使部分结晶区变为非结晶区。同时，纳米淀粉的 XRD 衍射峰普遍变宽，这是结晶粒径的减小和晶格畸变引起的。

根据 XRD 特征峰的位置和相对强度可判断纳米淀粉的结晶类型。天然淀粉主要有 A 型、B 型和 C 型三种结晶型，分别在 XRD 图上呈现出不同的特征峰。研究发现，即使纳米化后，多数纳米淀粉仍保留了原有的结晶型，表明纳米化虽然降低了结晶度，但是并未从根本上改变淀粉的结晶特性。张文学等制备的马铃薯纳米淀粉，仍然为 B 型结晶；Tan 等制备的普通玉米纳米淀粉，结晶型为 A 型。不过，也有研究发现纳米化导致淀粉结晶型的转变，Jiang 等报道均质法制备的蜡质玉米淀粉，由 A 型结晶向 V 型转变，这可能与非结晶区的减少以及结晶取向的改变有关。

与块体淀粉相比，纳米淀粉具有更大的比表面积和更多的表面羟基，这使其结晶结构对外界环境更加敏感。王朗等采用湿热法处理马铃薯纳米淀粉，发现随着处理温度的升高，纳米淀粉的结晶度逐步降低，当温度高于 100℃时，结晶特性完全消失。而块体淀粉在相同条件下的结晶度变化不明显。此外，库马尔（Kumar）等还发现暴露在高湿环境中的纳米淀粉，其结晶度显著高于干燥环境，这可能是由于水分子在纳米淀粉表面的吸附，诱导了局部结晶区的形成。

总之，纳米淀粉结晶结构的变化反映了纳米化对淀粉多级结构的调控作用。结晶度、结晶粒径以及结晶型的改变将直接影响纳米淀粉的理化性质，如溶解性、黏度、热稳定性等。深入理解纳米淀粉的结晶行为及其影响因素，对于合理制备和应用纳米淀粉功能材料具有重要意义。

（三）纳米淀粉的热稳定性

热稳定性是指材料在加热条件下维持其结构和性能的能力，是评价材料耐热性的重要指标。纳米淀粉由于粒径小、比表面积大，其热稳定性与块体淀粉存在显著差异。研究纳米淀粉的热稳定性，对于拓展其在食品加工、药物载体等领域中的应用具有重要意义。

热重分析（TGA）和差示扫描量热是评价纳米淀粉热稳定性的主要方法。TGA 测试可获得样品的热失重曲线，表征其热降解特性；DSC 测试可得到样品的热转变温度、焓变等信息，反映其结构变化。大量研究表明，纳米淀粉的热稳定性普遍低于天然淀粉。Liu 等对比了马铃薯淀粉及其纳米晶体的热性能，发现纳米晶体的起始降解温度由 296℃降至 280℃，最大降解速率提高了 15%，说明纳米化削弱了淀粉的耐热性。类似地，张文学等发现酸解玉米纳米淀粉的热降解温度比普通玉米淀粉低 20℃左右。

纳米淀粉热稳定性下降的主要原因：一是纳米化降低了淀粉的结晶度，破坏了其紧密有序的结构，从而降低了热降解能垒；二是纳米淀粉的比表面积大大增加，表面羟基数量增多，其与热分解产物如 CO_2 等的反应更易发生；三是纳米颗粒的热运动更为剧烈，因而更容易引发热降解反应。此外，纳米淀粉中残留的酸、碱等化学试剂，也会促进其热降解。

纳米淀粉制备方法的差异导致其热稳定性呈现多样性。一般而言，物理法制备的纳米淀粉，如球磨法、高压均质法等，其热稳定性较好；而化学法尤其是酸解法制备的纳米淀粉，热稳定性较差，这是由于酸解过程引入了大量缺陷位点，降低了淀粉分子的规整性。此外，淀粉的种类也影响纳米淀粉的热稳定性。韧性较好的马铃薯淀粉、木薯淀粉制备的纳米淀粉，通常具有更好的热稳定性；而韧性较差的小麦淀粉、米淀粉的纳米化产物，热稳定性相对较低。

可采用多种方法改善纳米淀粉的热稳定性。一种方法是进行表面改性，如乙醇化、丙酮化、疏水化等，引入保护性基团，减少表面羟基数量，从而提高耐热性。张文艳等用辛烯基琥珀酸酐（OSA）对马铃薯淀粉进行疏水改性，制得的 OSA 改性纳米淀粉，其降解温度比未改性的纳米淀粉提高了 20℃以上。另一种方法是进行复合改性，通过与纳米硅、纳米碳材料等耐热性好的无机物复合，构建纳米复合淀粉，从而显著提升体系的热稳定性。李凤琴等用原位复合法，将碳纳米管引入马铃薯淀粉中，所得纳米复合淀粉的热降解温度提高了 30℃左右。

总之，纳米淀粉热稳定性的研究，不仅有助于认识其结构特点和热降解机制，而且为纳米淀粉材料的耐热改性和热加工应用提供了理论指导。今后，有必要进一步优化纳米淀粉的制备工艺，发展高效的耐热改性方法，从而推动纳米淀粉在食品、生物医药、新材料等高温场合的应用。

（四）纳米淀粉的流变性质

流变性质是指物质在外力作用下发生变形和流动的性质，是评价材料加工性能的重要指标。淀粉的流变性质与其在食品工业中的应用密切相关，如增稠、乳化、凝胶等功能，很大程度上取决于淀粉的流变特性。纳米淀粉由于粒径小、比表面积大，其分散液的流变行为与普通淀粉存在明显差异，引起了研究者的广泛关注。

纳米淀粉分散液的流变性质主要取决于纳米颗粒的形貌尺寸、浓度、表面性质以及溶剂环境等因素。一般而言，纳米淀粉分散液表现出非牛顿流体特性，即随着剪切速率的增加，表观黏度逐渐降低，呈现剪切变稀行为。这是由于静止状态下，纳米淀粉颗粒之间存在缔合作用，形成三维网络结构；而在剪切作用下，颗粒取向和网络结构被破坏，导致黏度下降。

纳米淀粉浓度对其流变性质有显著影响。低浓度下，纳米淀粉分散液呈现出类似牛顿流体的行为，黏度随剪切速率变化不明显。这是因为此时纳米颗粒之间相互作用力较弱，主要以单颗粒形式存在。随着浓度升高，颗粒间相互作用增强，体系逐渐从类牛顿流体向剪切变稀流体转变。Jiang 等研究了不同浓度马铃薯纳米淀粉的流变行为，发现当浓度低于 1%时，分散液呈牛顿流体特征；而当浓度高于 3%后，剪切变稀行为显著，且屈服应力出现，表明颗粒间相互作用显著增强。

纳米淀粉颗粒的形貌尺寸对分散液的流变性质也有重要影响。一般来说，粒径越小，比表面积越大，纳米颗粒之间的缔合作用越强，分散液的黏度越高。张文学等比较研究了不同粒径马铃薯纳米淀粉的流变性质，发现平均粒径为 50nm 的样品，其分散液的零剪切黏度比 100nm 样品高出一个数量级。此外，颗粒形貌的差异，如球形、片状、棒状等也影响纳米淀粉分散液的流变性质。Liu 等发现片状木薯纳米淀粉比球形马铃薯纳米淀粉具有更高的黏弹性，这与片状颗粒间的缔合作用更强有关。

表面改性可显著调控纳米淀粉分散液的流变行为。亲水性改性，如羧甲基化、羟丙基化等，可增加纳米淀粉颗粒表面的水化能力和静电斥力，从而提高分散液的稳定性和黏度；而疏水性改性如 OSA 酯化，则会降低颗粒的亲水性，减弱颗粒间相互作用，导致黏度下降。姜峰等发现经 OSA 改性的玉米纳米淀粉，其分散液的表观黏度明显低于未改性样品，且剪切变稀行为减弱。此外，离子型表面活性剂如 SDS、CTAB 等，也可通过静电吸附等作用调控纳米淀粉分散液的流变性质。王欢等考察了 SDS 改性对马铃薯纳米淀粉流变性的影响，结果表明随着 SDS 浓度增加，分散液的剪切变稀指数逐渐降低，即剪切变稀行为减弱。

纳米淀粉分散液的流变性质还受到诸多环境因素的影响，如 pH 值、温度、离子强度等。酸碱度影响纳米淀粉颗粒表面的电荷性质，进而影响颗粒间静电相互作用。李娜等考察了 pH 值对酸解马铃薯纳米淀粉流变性的影响，发现随着 pH 值从 3 升至 11，分散液的表观黏度逐渐升高，这是碱性条件下淀粉分子电离程度提高，颗粒间静电斥力增强所致。温度变化也显著影响纳米淀粉分散液的黏弹性。程鑫等研究了玉米纳米淀粉分散液的流变温度依赖性，结果表明随着温度从 25℃升至 95℃，其表观黏度、弹性模量等流变参数显著降低，且分散液由凝胶状态向溶胶状态转变。盐溶液的存在，会压缩纳米淀粉颗粒的双电层，降低颗粒间静电斥力，从而影响分散液的稳定性和流动性。汤海龙等考察了不同浓度 NaCl 对酸解木薯纳米淀粉分散液流变性的影响，发现随着 NaCl 浓度增大，分散液的屈服应力和表观黏度逐渐降低，剪切变稀行为减弱。

总之，纳米淀粉独特的流变行为源于其纳米尺度效应和丰富的表界面特性。深入认识纳米淀粉流变性质的调控机制，对于发挥其增稠、乳化、稳定等功能，开发高品质淀粉基食品和材料具有重要意义。目前对纳米淀粉流变行为的研究还主要集中在稳态流变方面，动态流变、黏弹性等方面的研究还比较欠缺。此外，进一步加强纳米淀粉表面改性与流变调控的研究，对于拓宽纳米淀粉的应用范围和实现其功能化、液态化加工也至关重要。

（五）纳米淀粉的阻隔性能

阻隔性是指材料阻止氧气、二氧化碳、水蒸气等小分子渗透的能力，是包装材料的一项重要性能指标。淀粉基材料具有良好的成膜性和阻隔性，在食品、药品包装领域有广泛应用。将淀粉纳米化可进一步提高其阻隔性能，这主要得益于三个方面：一是纳米淀粉比表面积大、结晶度低，形成的膜结构更加致密；二是纳米颗粒在膜基体中形成曲折的扩散路径，延长了渗透分子的传输距离；三是纳米淀粉表面羟基数量多，易于形成分子间氢键，提高了膜的内聚力。

氧气阻隔性是纳米淀粉基包装膜的一项关键性能，对延缓食品氧化变质具有重要意义。García 等考察了马铃薯纳米淀粉膜的氧气渗透系数，发现其仅为 1.06×10^{-16} mol·m/（m^2·s^1·Pa^1），比普通淀粉膜降低了近一个数量级，表明纳米化显著提高了淀粉膜的氧气阻隔性。类似地，发现木薯纳米淀粉膜的氧气渗透系数比普通木薯淀粉膜低 63%。不过，也有研究发现纳米淀粉膜的氧气阻隔性能提升有限，汪晓等报道酸解玉米纳米淀粉膜的氧气渗透系数仅比普通淀粉膜低 29%，这可能与纳米淀粉制备方法和膜形成条件等因素有关。

水蒸气阻隔性也是淀粉基包装材料的一项重要性能。淀粉分子中含有大量亲水性羟基，因而淀粉膜的耐湿性较差。虽然淀粉纳米化可改善其水蒸气阻隔性，但是提升幅度有限。测试了马铃薯淀粉纳米晶体膜的水蒸气渗透系数，结果表明纳米淀粉膜的透湿系数比普通淀粉膜降低了 15%左右。李慧等也发现酸解玉米纳米淀粉膜的透湿性仅比普通玉米淀粉膜低 12%。纳米淀粉膜水蒸气阻隔性提升不明显，主要是由于纳米化虽然使膜结构更致密，但是也大大增加了淀粉分子的表面羟基数量，提高了其亲水性。因此，单纯依靠淀粉纳米化难以获得耐湿性良好的包装材料。

疏水性改性是提高纳米淀粉膜阻隔性的有效途径。疏水性基团如烷基、酯基等的引入，可减少膜表面羟基数量，降低其表面能，从而提高膜的阻湿性和阻氧性。张文艳等考察了 OSA 改性马铃薯纳米淀粉膜的阻隔性能，发现随着 OSA 取代度的提高，纳米淀粉膜的水蒸气渗透系数和氧气渗透系数分别下降了 52%和 78%，阻隔性能显著提高。马丽娜等也发现经短链脂肪酸酯化改性的木薯纳米淀粉膜，其水蒸气阻隔性比普通淀粉膜提高了

1.6 倍。值得注意的是，过度的疏水化可能导致纳米淀粉分散性变差，不利于均匀成膜。因此，疏水性改性需优化改性度，平衡膜的阻隔性和成膜性。

层状硅酸盐等纳米黏土也是常用的阻隔性增强材料，它们高的长径比可在膜中形成“迷宫式”扩散通道，有效阻碍渗透分子的传输。纳米淀粉/纳米黏土复合膜可兼具纳米淀粉的成膜性和纳米黏土的阻隔增强效应，因而备受关注。斯拉武茨基（Slavutsky）等制备了马铃薯纳米淀粉/蒙脱土复合膜，发现当蒙脱土添加量为 5%时，复合膜的氧气渗透系数比纯纳米淀粉膜降低了近 50%。Tang 等将海藻酸钠改性的蒙脱土掺入甘薯淀粉基质中，所得复合膜的氧气渗透系数降低了 60%以上。层状纳米黏土在淀粉基体中的分散性和相容性是影响其阻隔增强效果的关键因素。为了提高两者的相容性，常采用有机化改性或偶联剂接枝等方法，对黏土进行表面疏水化处理。汪强等采用季铵盐改性蒙脱土制备了玉米淀粉纳米复合膜，发现经表面有机化的蒙脱土与淀粉基质相容性更好，复合膜的氧气阻隔性和力学性能都得到显著提高。

总之，淀粉纳米化技术为开发高阻隔性淀粉基包装材料提供了新思路。纳米淀粉膜整体上表现出优于普通淀粉膜的阻隔性，尤其在阻氧性方面提升显著。不过，受淀粉自身亲水性的限制，纳米淀粉膜的耐湿性依然偏低。因此，进一步采用疏水化改性、纳米黏土复合等方法，是今后纳米淀粉阻隔膜研究的重要方向。同时，制备工艺优化如溶剂选择、干燥条件控制等，对于获得性能优异的纳米淀粉阻隔膜也不可或缺。总的来说，纳米淀粉阻隔材料研究尚处于起步阶段，未来在制备方法、改性策略、膜性能评价等方面仍有许多工作要做，以期获得综合性能优异、适合实际应用的纳米淀粉新型包装材料。

（六）纳米淀粉的力学性能

力学性能是材料在外力作用下抵抗变形和断裂的能力，是评价材料可靠性和适用性的重要指标。淀粉基材料具有优异的成膜性、生物相容性和可降解性，在食品包装、药物缓释、组织工程等领域备受青睐，但天然淀粉膜脆性大，机械强度差，难以满足实际应用要求。将淀粉纳米化可显著改善其力学性能，使其在生物基材料领域的应用前景更加广阔。

拉伸性能是评价纳米淀粉膜力学性能的最直接指标，通过拉伸测试可获得样品的抗张强度、断裂伸长率等参数。大量研究表明，纳米淀粉膜的抗张强度明显优于普通淀粉膜，且随着淀粉粒径减小，抗张强度逐渐提高。García 等对比了马铃薯淀粉和纳米淀粉膜的力学性能，发现纳米淀粉膜的抗张强度比普通淀粉膜提高了 80%以上。刘成伟等系统研究了玉米淀粉膜力学性能的粒径依赖性，结果表明随着淀粉粒径从 2μm 降至 50nm，膜的抗张强度从 35MPa 提高至 70MPa。纳米淀粉膜力学增强的机理，一方面源于纳米粒子高的比表面积和表面能，可形成大量分子间相互作用，如氢键、范德华力等，从而提高膜的内聚力；另一方面，纳米粒子在膜基体中形成刚性填料网络，起到应力传递和裂纹阻挡的作用，从而提高膜的强韧性。

与抗张强度提高不同，纳米淀粉膜的断裂伸长率变化趋势不太一致。一些研究成果发现，纳米淀粉膜的伸长率显著高于普通淀粉膜。栾姣等制备的马铃薯纳米淀粉/PVA 复合膜，其断裂伸长率可达 160%，而相同条件下的马铃薯淀粉/PVA 膜伸长率仅为 50%。这可能是由于纳米粒子在基体中起到类似增塑剂的作用，提高了膜的柔顺性。但也有研究成果发现，纳米淀粉膜伸长率有所下降。García 等报道纳米马铃薯淀粉膜的伸长率比普通淀粉膜降低了 20%左右。这种差异的原因可能与纳米淀粉制备方法、膜的形成条件以及测试方法等因素有关，有待进一步深入研究。

动态力学分析可测定材料在交变应力作用下的黏弹性响应，获得材料的储能模量、损耗模量、损耗因子等重要参数。储能模量反映材料储存变形能的能力，对应材料的弹性部分；损耗模量反映材料耗散变形能的能力，对应材料的黏性部分；而损耗因子则反映材料的阻尼特性和内耗水平。动态力学分析不仅可评价材料的力学性能，还可揭示材料内部的微观结构和相态变化规律。卢红梅等采用动态力学分析研究了木薯淀粉膜的黏弹性，发现随着温度从 30 ℃升至 80 ℃，淀粉膜的储能模量逐渐降低，而损耗模量和损耗因子呈现先增大后减小的趋势，表明淀粉膜随温度升高逐渐软化，且在 50 ℃～60 ℃范围内发生了玻璃化转变。

纳米化对淀粉膜动态力学性能的影响备受关注。吴剑飞等测试了不同粒径马铃薯淀粉膜的动态力学性能，结果表明随着粒径减小，纳米淀粉膜的储能模量显著提高，损耗模量和损耗因子明显降低，玻璃化转变温度升高，表明纳米化显著提高了淀粉膜的刚性和热稳定性，这主要是纳米粒子限制了淀粉分子链的运动所致。朱兰兰等也发现玉米纳米淀粉膜的动态力学性能明显优于普通淀粉膜，且玻璃化转变更加明显，说明纳米粒子与淀粉基体形成了良好的界面相互作用。总的来说，动态力学分析结果进一步证实了纳米化对改善淀粉膜力学性能的积极作用。

蠕变恢复性能也是材料的重要力学参数，可反映材料在恒定应力下的变形行为和卸载后的回复能力。淀粉作为一种黏弹性材料，在长时间的外力作用下会发生明显的蠕变变形，而纳米化可有效改善淀粉的抗蠕变性能。魏静等采用单悬臂梁蠕变测试仪研究了普通木薯淀粉膜和纳米淀粉膜的蠕变行为，发现纳米淀粉膜的蠕变变形量明显小于普通淀粉膜，且回复性能更优，表明纳米粒子可显著提高淀粉膜的抗蠕变能力。作者进一步分析了蠕变曲线的结构，发现纳米淀粉膜的弹性变形部分所占比例更高，黏性变形部分降低，反映了纳米粒子对淀粉分子链段运动的限制作用。不过，也有研究发现纳米淀粉的种类和制备方法对其抗蠕变性能有很大影响，比较了酸解法和酶解法制备的马铃薯纳米淀粉的蠕变性能，结果表明酶解法样品的抗蠕变性能明显优于酸解法样品，且二者均劣于微晶纤维素填充的复合材料。这提示我们在制备高性能纳米淀粉复合材料时，还需优化纳米淀粉自身的制备工艺，发挥不同增强体的协同作用。

总之，淀粉纳米化是显著提升其力学性能的有效途径。通过纳米尺度效应和界面效应，纳米淀粉颗粒可显著增强淀粉基体材料的强度、韧性等力学性能指标，拓宽了淀粉基生物材料的应用领域。不过，目前对纳米淀粉力学性能的研究还主要集中在薄膜材料，而对其在塑料、橡胶等体相材料中的补强作用关注较少。此外，纳米淀粉独特的表面性质，在聚合物基体中易发生团聚，难以达到纳米分散，这在一定程度上限制了其力学补强效率。因此，进一步加强纳米淀粉表面改性，构建纳米淀粉与基体聚合物的界面相互作用，对于开发高性能纳米淀粉复合材料至关重要。同时，采用多尺度力学测试手段，结合微观形貌和结构表征，深入揭示纳米淀粉增强增韧机理，对于指导高性能纳米淀粉材料的设计与制备也将提供重要的理论依据。

第四节 淀粉基复合材料

淀粉是一种天然高分子材料，但其力学性能差、耐水性差，难以满足工业应用的需求。将淀粉与其他高分子材料复合，可充分发挥各组分的优势，制备性能优异、功能多样的复合材料，极大拓宽了淀粉基材料的应用领域。近年来，淀粉基复合材料的研究日益受到学术界和产业界的广泛关注，在包装材料、生物医用材料等领域展现出良好的应用前景。

一、淀粉/合成高分子复合材料

淀粉/合成高分子复合材料通常以淀粉为基体，引入聚乙烯、聚丙烯等合成高分子，通过共混、嵌段、接枝等方式制备。合成高分子赋予复合材料优异的力学性能和加工性能，而淀粉则赋予其良好的生物降解性和环境相容性。因此，淀粉/合成高分子复合材料兼具合成塑料的使用性能和天然淀粉的环保特性，在包装材料领域备受青睐。

例如，采用熔融共混法制备淀粉/聚乙烯复合材料，当淀粉含量为30%时，复合材料的拉伸强度可达到21 MPa，断裂伸长率达到150%，远优于纯淀粉材料，且在土壤中90 d即可完全降解，有望替代聚乙烯等传统塑料用于包装薄膜、一次性餐具等领域。为进一步提高复合材料的相容性和力学性能，可在淀粉和聚乙烯之间引入马来酸酐等相容剂，或者对淀粉进行疏水改性、接枝改性等。例如，以癸二酸酐改性的淀粉为基体，与聚乙烯共混，可使复合材料的拉伸强度提高30%以上，断裂伸长率提高近1倍，且生物降解性能保持不变。

除了共混改性，嵌段共聚和接枝共聚也是制备淀粉/合成高分子复合材料的重要方法。例如，以马铃薯淀粉和 ε-己内酯为原料，通过开环聚合制备淀粉—聚己内酯嵌段共聚物，淀粉段赋予材料良好的亲水性和生物相容性，聚己内酯段则赋予材料优异的力学性能和热塑性。该复合材料的拉伸强度高达 50 MPa，断裂伸长率达到 200%，且具有良好的细胞相容性，有望用于组织工程支架等生物医用材料领域。又如，在淀粉分子上接枝聚合 L-丙交酯，可制备淀粉—聚乳酸接枝共聚物，引入聚乳酸接枝链不仅能显著提高复合材料的力学性能，还能赋予材料特殊的智能响应特性。当温度升高至聚乳酸的熔点以上时，材料呈现 sol-gel transition 现象，形成化学和物理双交联网络结构，力学强度提高近 10 倍。这种温敏性淀粉基复合水凝胶在药物缓控释、细胞培养基质等领域极具应用潜力。

二、淀粉/天然高分子复合材料

淀粉/天然高分子复合材料通常选用纤维素、藻酸盐等天然多糖，或明胶、大豆蛋白等天然蛋白作为复合改性组分。天然高分子材料均具有优异的生物相容性和环境相容性，与淀粉复合后制备的材料对环境友好，在生物医用、组织工程等领域备受青睐。此外，一些天然纤维如棉、麻、竹浆等，也是理想的淀粉基复合材料增强组分，可大幅改善材料的力学性能。

例如，将淀粉与几丁质按不同比例共混，再通过冷冻干燥制备多孔复合材料，其压缩模量可达 1.2 MPa，孔隙率高达 85%，且具有良好的细胞黏附性，培养 7 天后成骨细胞密度是纯淀粉支架的 2 倍以上，有望用作骨组织工程支架材料。进一步地，将羟基磷灰石引入淀粉/几丁质复合材料，制备仿生矿化支架，不仅能显著提高支架强度和生物活性，还能诱导支架降解产物向成骨途径转化，加速骨缺损修复。类似地，淀粉/明胶复合材料在软骨组织工程等领域也有广泛应用。例如，通过静电纺丝技术制备淀粉/明胶复合纳米纤维支架，纤维直径可低至 100 nm，比表面积高达 120 m^2/g，且具有优异的力学性能和细胞相容性，在大鼠软骨缺损修复模型中显示出良好的软骨再生效果。

在环保材料领域，淀粉与天然纤维的复合也得到广泛关注。例如，以玉米淀粉为基体，竹浆纤维为增强相，通过熔融共混制备复合材料，当竹浆纤维含量为 30%时，复合材料的拉伸强度和弹性模量分别提高了 2.5 倍和 3.5 倍，且在堆肥条件下 60 天可完全降解，有望替代聚苯乙烯等传统泡沫塑料用于包装缓冲等领域。类似地，淀粉/棉纤维、淀粉/亚麻纤维等复合材料也展现出优异的力学性能和生物降解性能。然而，由于淀粉与纤维素纤维均为亲水性物质，因此淀粉/纤维素复合材料的耐水性较差，这在一定程度上限制了其户外应用。为解决这一问题，可对淀粉或纤维进行疏水改性，如酯化、硅烷化等，或者引入疏水涂层，从而显著提高复合材料的耐水性和尺寸稳定性。

三、淀粉/无机物复合材料

淀粉/无机物复合材料通常选用纳米黏土、多孔陶瓷、金属氧化物等作为复合改性组分。无机组分不仅能显著提高淀粉基材料的力学性能，而且能赋予其阻隔性、导电性、抗菌性等新颖功能，在膜分离、电化学储能、食品包装等领域展现出诱人的应用前景。

例如，以马铃薯淀粉为基体，蒙脱土为增强相，通过熔融共混制备淀粉/黏土纳米复合材料，当蒙脱土添加量为5%时，复合材料的拉伸强度提高50%，断裂伸长率提高20%，而水蒸气渗透系数却降低了30%。这主要是由于蒙脱土纳米片层在淀粉基体中形成迂曲路径，延长了渗透分子的传输路径，从而显著提高了材料的阻隔性能。类似地，引入石墨烯、碳纳米管等碳材料，可赋予淀粉基复合材料优异的力学性能和导电性能。例如，以壳聚糖改性的淀粉为基体，还原氧化石墨烯为导电相，通过溶液共混法制备导电复合水凝胶，其导电率可达10 S/m，拉伸强度高达2.3 MPa，且具有良好的生物相容性，有望用于柔性传感器、神经电极等生物电子领域。

在食品包装领域，引入金属氧化物纳米颗粒不仅能提高淀粉基材料的力学性能，还能赋予其优异的抑菌性能。例如，以马铃薯淀粉为基体，纳米ZnO为抑菌剂，通过熔融共混制备抑菌复合薄膜，ZnO添加量为3%时，大肠杆菌和金黄色葡萄球菌的抑制率分别高达95%和91%，同时复合膜的拉伸强度也提高了30%以上。值得注意的是，ZnO纳米颗粒在复合膜中的分散性和粒径均匀性对其力学性能和抑菌性能影响显著，因此通过表面改性或原位合成等方法控制ZnO的分散性和粒径，对制备高性能淀粉/ZnO抑菌复合材料至关重要。

四、淀粉基复合材料的应用前景

淀粉基复合材料依托淀粉的热塑性、生物降解性和环境相容性，引入其他高分子、无机组分，通过共混、接枝等复合改性方法制备，可在很大程度上克服淀粉性能上的不足，并赋予复合材料新颖的功能特性，极大拓宽了淀粉基材料的应用范围。目前，淀粉基复合材料已经在包装材料、生物医用材料等领域崭露头角，展现出替代传统石油基材料的诱人前景。

在包装材料领域，淀粉/聚乙烯等合成高分子复合材料有望替代传统塑料制品，用于农用地膜、包装薄膜、一次性餐具等；淀粉/纤维素复合材料则在食品包装、缓冲包装等领域得到推广应用，可有效减少包装废弃物对环境的污染。未来，进一步提高淀粉基复合材料的阻隔性、抗菌性、耐水性等，开发多功能、高性能的淀粉基绿色包装材料，将是重要的研究方向。

在生物医用材料领域，淀粉/几丁质、淀粉/明胶、淀粉/羟基磷灰石等天然高分子和无机物复合材料在组织工程支架、创面敷料、骨科固定等领域展现出良好的应用前景，有望突破传统医用高分子的瓶颈，加速临床转化进程。同时，将淀粉基复合材料与干细胞技术、药物缓释技术、生物打印技术等联用，构建多功能、个性化的生物医用材料，将是未来的重要发展方向。

在电化学储能领域，石墨烯、碳纳米管等碳材料增强的淀粉基复合材料兼具优异的导电性和力学性能，在超级电容器、锂离子电池等方面显示出应用潜力。进一步优化复合材料的导电网络结构，提高其倍率性能和循环稳定性，有望开发出兼具高能量密度和高功率密度的新型储能器件。

在吸附分离领域，淀粉基复合材料引入大比表面积的多孔材料如活性炭、沸石等，可显著提高对重金属、染料等污染物的吸附性能。同时，通过对淀粉基体进行表面接枝改性，引入功能基团，还可赋予吸附剂选择性吸附、响应性解吸等智能特性，在复杂体系的污染治理中有广阔的应用空间。

总之，淀粉基复合材料研究汇聚了材料学、高分子科学、纳米技术等多学科前沿，是当前绿色材料领域的研究热点。未来，进一步加强淀粉与其他组分的界面相容性及复合机理研究，优化复合材料的制备工艺，开发新型淀粉基功能复合材料，并推进其在工业、农业、医疗、环保等领域的应用示范，将是淀粉基复合材料走向实际应用的关键举措。相信在政产学研多方协同创新下，淀粉基复合材料必将在新材料的绿色发展和生物经济的跨越发展中扮演更加重要的角色。

第五节　淀粉基材料的应用前景与挑战

淀粉作为一种储量丰富、价格低廉、来源广泛的天然高分子材料，具有优异的生物降解性和生物相容性，在生物基材料领域极具应用潜力。近年来，随着石油资源日益紧张，环境污染日益严重，开发可再生、环境友好的淀粉基材料成为国内外研究热点。各种新型淀粉基材料如淀粉基生物塑料、淀粉基水凝胶、淀粉基纳米复合材料等不断涌现，在包装、农业、生物医用等领域展现出诱人的应用前景。

一、淀粉基材料的应用前景

在包装材料领域，淀粉基生物塑料有望替代传统石油基塑料，成为食品包装、一次性餐具等领域的首选材料。据统计，目前全球塑料年产量已超过 3 亿吨，其中约 40%用于包装领域。这些塑料包装废弃物不仅造成白色污染，而且难以降解，对生态环境构成严重威胁。以淀粉为主要原料制备的生物降解塑料在使用性能上可与传统塑料媲美，且使用后可在自然环境中完全降解，有效缓解塑料垃圾污染。随着消费者环保意识的提高和环保政策的日益严格，淀粉基生物塑料的市场需求将持续扩大。预计到2025年，全球生物塑料市场规模将突破250亿美元。

在农业生产领域，淀粉基材料可广泛应用于水溶性农膜、生物农药缓释剂、种子包衣剂等方面。传统农用塑料薄膜难以降解，残留于土壤后会影响土壤质量，阻碍作物生长。淀粉基水溶性农膜可有效克服上述问题，在作物生长阶段发挥保温、保湿等作用，待作物成熟后溶于水中，既不影响农事操作，又能显著降低农膜残留。淀粉基缓释载体可延长农药在土壤环境中的释放时间，减少农药用量和环境污染。淀粉基种子包衣剂可将肥料、农药等包裹于种子表面，实现种子精准处理和育苗期精准管理，在提高作物产量的同时降低面源污染。预计到2026年，淀粉在农用材料领域的需求量将超过500万吨。

在生物医用领域，淀粉基材料在组织工程、药物缓释、伤口敷料等方面有广阔的应用前景。淀粉基组织工程支架材料具有良好的生物相容性和可降解性，可诱导和加速组织修复再生。将干细胞技术与淀粉基支架材料联用，有望实现骨、软骨等组织器官的原位再生，突破人工器官移植的瓶颈。淀粉基药物缓释载体可通过物理包埋或化学结合，控制药物分子在体内的释放速率，在提高药物利用率和降低毒副作用方面具有独特优势。淀粉基水凝胶敷料具有保湿、促愈合等功效，在烧伤、糖尿病足等慢性难愈性创面的修复中极具应用潜力。

在废水处理、土壤修复等环保领域，淀粉基吸附材料具有良好的应用前景。淀粉经接枝改性或与其他功能材料复合，可大幅提高对重金属、染料、农药等污染物的吸附容量和选择性，在污染物富集与资源化利用方面显示出巨大潜力。与传统吸附剂相比，淀粉基吸附剂具有原料易得、制备简单、成本低廉等优势，有利于其产业化应用。同时，淀粉基吸附剂在饱和吸附后，可通过生物降解的方式原位去除，避免二次污染。因此，淀粉基吸附材料有望成为土壤修复、地下水净化等环保工程的重要材料。

除上述领域外，在电化学储能、催化、传感检测等高新技术领域，淀粉基功能材料也崭露头角，展现出诱人的应用前景。例如：淀粉/石墨烯复合气凝胶在超级电容器等储能器件中显示出优异的电化学性能，有望突破当前电极材料的瓶颈；淀粉负载金属纳米催化剂在多相催化反应中表现出高的催化活性和选择性，为绿色化学工艺的发展提供了新思路；淀粉纳米颗粒作为荧光探针和药物载体，可构建集成化诊疗平台，在肿瘤诊断与治疗领域潜力巨大。相信随着淀粉基功能材料的不断创新，其应用领域必将不断拓宽。

二、淀粉基材料发展面临的挑战

尽管淀粉基材料在诸多领域展现出诱人的应用前景，但要真正实现规模化应用，仍面临诸多科学和技术挑战，具体如下：

首先，淀粉的理化性质，如脆性大、吸湿性强、耐水性差等，在很大程度上限制了淀粉基材料的应用范围和使用寿命。因此，如何从分子结构和高级结构等方面入手，通过化学改性、物理改性、生物改性等手段，调控和优化淀粉的理化性质，是淀粉基材料走向应用的关键科学问题。例如，如何平衡淀粉基材料的力学性能、耐水性和生物降解性之间的矛盾，是解决淀粉基包装材料发展的关键问题。尽管通过疏水改性、纳米复合等方法可在一定程度上改善其力学性能和耐水性，但同时也导致其降解周期大大延长。因此，开发高性能、快速降解的淀粉基材料依然是一个巨大挑战。

其次，如何实现淀粉基材料制备过程的绿色化、规模化，是推动其产业化应用的关键技术问题。淀粉基材料的宏量制备通常需要使用大量的化学试剂和有机溶剂，产生的“三废”排放不可避免地对环境造成影响。同时，淀粉的批次间差异较大，在制备工艺放大时，产品质量的一致性难以保证。因此，开发绿色环保的淀粉改性试剂，优化淀粉基材料的制备工艺，建立完善的质量标准体系，对于淀粉基材料的产业化推广应用至关重要。这需要产学研用各方的协同创新，探索淀粉基材料在制备、加工、应用等方面的绿色化、规模化、标准化之路。

再次，淀粉基材料的应用示范和推广普及有待加强。相比石油基材料，淀粉基材料在设计性能、工程化和批量化应用等方面还存在不足。缺乏成功应用案例和综合性能数据，使得淀粉基材料在推广应用中面临诸多阻力。例如，虽然淀粉基生物塑料在技术层面已经基本成熟，但是在实际应用中相比传统塑料依然存在价格偏高、品种单一等劣势。因此，加快淀粉基材料产品的应用示范，完善配套标准和认证体系，培育新兴市场，对于其规模化推广应用至关重要。同时，还需加大科普宣传力度，提高公众对淀粉基材料的认知度和接受度。

三、淀粉基材料的发展建议

针对淀粉基材料在研发与应用中面临的诸多挑战，提出以下发展建议：

首先，加强淀粉结构、性质、功能的基础研究。淀粉的分子结构、聚集态结构、理化性质及其构效关系，是优化与调控淀粉基材料性能的科学基础。应加强不同来源、不同类型淀粉的比较研究，系统解析淀粉结构与性质间的内在联系，探明淀粉的结构—性质—功能三者之间的关联机制。在此基础上，发展物理、化学、生物等多种改性技术，建立高效、绿色的淀粉改性方法，开发高性能、多功能、智能化的淀粉基新材料。

其次，突破淀粉基材料绿色制备与规模化应用的关键技术。应面向淀粉基材料全生命周期，围绕资源利用、清洁生产、应用推广、循环再利用等环节，开展系统集成与优化。在生产制备方面，开发绿色环保的淀粉改性试剂，发展清洁、节能的制备新工艺。在加工应用方面，加强淀粉基材料的工程化和产品化设计，建立淀粉基材料加工与石油基材料加工的兼容适配技术。在循环利用方面，建立完善的废弃物回收利用体系，开发高值化、多级化的资源化利用路线。通过技术创新与应用示范，实现淀粉基材料全生命周期过程的绿色化与规模化。

再次，推进淀粉基材料研发与应用的产学研用一体化。淀粉基材料属于技术密集型产业，对科技创新和人才培养提出了更高要求。要加快建设淀粉基材料的科技创新体系，推动科研院所、高等院校、行业企业的深度合作与技术融通。以重大需求和关键瓶颈为牵引，组织实施淀粉基材料的研发与应用专项，加快科研成果的工程化和产业化进程。同时，依托高校和科研院所，加强淀粉基材料相关专业学科建设，完善人才培养机制，为淀粉基材料的可持续发展输送源源不断的创新人才。

最后，营造有利于淀粉基材料发展的良好环境。在战略规划层面，应将淀粉基材料纳入生物经济发展的总体布局，制定长远发展目标和配套政策。在政策扶持层面，在财税、金融、土地等方面给予优惠支持，设立专项基金，支持淀粉基材料的研发创新和产业化示范。在法规标准层面，加快建立健全淀粉基材料的技术标准、检测认证、环境监管等法规体系，为其有序发展提供制度保障。在市场培育层面，加大宣传推广力度，提高公众认知度，扩大淀粉基材料的市场需求。营造研发、生产、流通、应用协同发展的良性生态，为淀粉基材料产业的跨越发展铺平道路。

综上所述，淀粉基材料是生物基材料的重要组成部分，代表了新材料的发展方向。尽管淀粉基材料在科学研究和产业应用方面还面临诸多挑战，但在可持续发展、生态文明建设的时代背景下，其战略地位日益凸显，发展前景广阔。未来，要进一步加强淀粉基材料的基础研究，攻克关键核心技术，加快推进产业化应用，为淀粉基材料的跨越发展创造有利条件。同时，要树立全球视野，加强国际合作与交流，积极参与并引领淀粉基材料领域的前沿研究和产业发展。相信通过产学研用各方的共同努力，淀粉基材料必将在新材料的绿色发展和生物经济的跨越发展中发挥越来越重要的作用，为人类社会的可持续发展做出更大贡献。

第七章　淀粉加工过程中的质量控制

第一节　淀粉加工的质量控制要点

淀粉是重要的产业原料和战略物资，其质量的优劣直接关系到下游产品的性能和质量。建立完善的淀粉质量控制体系，实现淀粉加工过程的质量管理与过程控制，对于保障淀粉及其衍生物产品质量，提升企业核心竞争力具有重要意义。淀粉加工过程的质量控制主要包括原料质量控制、生产过程质量控制、产品质量控制等环节。

一、原料质量控制

淀粉产品的质量很大程度上取决于原料的品质，因此加强淀粉原料的质量控制是保证淀粉加工质量的首要环节。淀粉加工所用原料主要包括谷物、薯类、豆类等淀粉植物和淀粉副产物。这些原料的品种、产地、收获季节、储藏条件等因素都会影响其淀粉含量、杂质含量、水分含量等品质指标。

在原料采购环节，应严格按照企业标准选择供应商，对不同产地、不同品种的淀粉原料进行系统评价和筛选，建立合格供应商名录。对关键品质指标如淀粉含量、水分、色泽、粒度等，应结合产品质量要求，制定严格的验收标准，并利用近红外光谱、色差仪等快速分析仪器进行准确、高效的定量分析，严把原料入厂关。

在原料储运环节，应根据不同原料的特性，采取科学的储藏和运输方式，最大限度地减少储藏损耗和品质劣变。例如：薯类淀粉原料应避免阳光直射和机械损伤，在阴凉通风处堆放；谷物淀粉原料应控制库内温湿度，防止霉变和虫蛀。同时，加工车间应设置专门的原料净化设备，如分级筛、除砂器、除铁器等，在加工前进一步去除原料中的泥沙、金属等杂质。

二、生产过程质量控制

生产过程质量控制是淀粉加工质量控制的核心环节，直接决定了淀粉产品的得率和质量。淀粉的加工工艺通常包括浸泡 、磨浆、分离、提取、干燥等主要步骤，以及后续的改性、复配等深加工环节。生产过程质量控制的重点是工艺参数的优化控制和关键控制点的过程监测。

在浸泡磨浆环节，浸泡时间、浸泡温度、pH 值、SO_2 浓度等参数都会显著影响淀粉的得率和色泽。应根据原料特性和产品要求，优化浸泡配方和工艺参数，并对浸泡罐进行密闭、保温等措施，减少淀粉损失。磨浆是将浸泡软化的原料破碎，释放出淀粉颗粒的过程。磨浆设备的型号、转速、网筛目数等参数的选择，对淀粉的得率和颗粒完整性有重要影响。因此，应根据原料性质和产品粒度要求，合理设定磨浆参数，既要充分破碎组织，又要避免淀粉颗粒过度破损。

在淀粉分离提取环节，离心分离和水洗是最关键的质量控制点。离心分离主要去除淀粉乳中的蛋白质、纤维素等杂质，其转速、料液浓度、pH 值等参数都会影响分离效果。水洗则进一步去除淀粉中的水溶性杂质，其用水量、水质、洗涤次数等因素对淀粉的纯度和色泽有重要影响。应结合淀粉品质要求，优化分离和水洗工艺，并对离心机和水洗设备进行定期维护，确保分离效率和水洗彻底。值得注意的是，淀粉乳在输送过程中，在管道阀门、泵体等处极易发生局部沉淀，导致淀粉损失和设备堵塞。因此，应合理设计输送管线，并采取定期清洗、旋流除砂等措施，降低损耗。

在淀粉干燥环节，干燥方式、干燥温度、干燥时间等参数都会显著影响淀粉的水分、黏度、水溶性等品质指标。鼓泡干燥、快速干燥等温和干燥方式有利于保持淀粉的天然特性，但能耗较高，产能较低。喷雾干燥、带式干燥等高效干燥方式生产效率高，但容易造成淀粉预糊化，导致黏度降低。因此，应结合产品质量要求和生产成本，选择合适的干燥设备和工艺参数。同时，干燥设备的清洁卫生状况直接关系到淀粉的微生物品质，因此应做好干燥系统的定期清洁、消毒等卫生管理。

在淀粉改性加工环节，化学改性、物理改性、酶解改性等方法都涉及诸多工艺参数，如改性试剂用量、反应温度、pH 值、搅拌速率、反应时间等，都会显著影响改性淀粉的理化性质和功能特性。应通过系统的工艺优化试验，建立各工艺参数与产品性能间的定量关系，并采用自动配料系统、在线 pH 值计、黏度计等装置实现工艺参数的实时监控，确保改性反应在最优工况下进行。此外，一些改性试剂如环氧丙烷、醋酸酐等有一定毒性，因此在投料、反应、后处理等环节还应做好安全防护，严格控制职业暴露，保证产品的卫生安全。

三、产品质量控制

产品质量控制是淀粉加工质量控制的最后一道关口，其宗旨是通过淀粉成品的检验检测，筛选出符合国家标准或企业内控标准的优质产品，确保不合格产品不出厂，维护企业形象，提高顾客满意度。淀粉产品质量控制主要包括理化检验、卫生检验、包装储运检验等方面。

在理化性质检验方面，主要测定淀粉的水分、淀粉含量、黏度、pH 值、白度、水溶性等感官和理化指标。水分过高会导致淀粉结块、发霉变质，过低则影响淀粉的分散性和水化性。淀粉含量是评价淀粉提取率和纯度的关键指标。黏度、水溶性、透明度等则反映了淀粉的糊化特性和应用性能。白度是判断淀粉精制程度的直观指标。这些性质指标的测定应严格按照 GB、QB 等国家质量标准规定的方法进行。同时，鼓励采用近红外光谱、核磁共振、X 射线衍射等新型快速检测技术，提高检测效率。

在卫生品质检验方面，主要测定淀粉的微生物含量、重金属含量、二氧化硫残留量、农药残留量等食品安全指标。微生物超标会引起淀粉变质、食品腐败，重金属超标会危害消费者健康；二氧化硫残留量过高会影响淀粉的色泽和应用性能，农药残留可能带来食品安全风险。因此，应按照食品安全国家标准的规定，采用平板计数法、原子吸收光谱法、气相色谱法等标准方法进行检测，并建立完善的食品安全管理体系，确保淀粉产品的卫生安全。

在包装储运检验方面，主要检查淀粉产品的净含量、包装完整性、标签标识规范性等。淀粉产品包装应采用清洁、干燥、无毒的材料，并有良好的隔湿、防潮、防虫蛀等性能。包装规格应符合法定计量要求，标签标识应符合食品安全、消费者权益保护等法律法规的规定。储运环境应控制适宜的温湿度条件，避免阳光直射、雨淋、撞击等不利因素，防止淀粉吸潮结块、污染变质。

此外，还应高度重视顾客反馈信息，对淀粉产品的加工适性、应用效果进行跟踪评价，并及时优化产品配方和生产工艺。同时，应积极开展供需对接和技术服务，为客户提供产品应用指导和问题解决方案，不断提升产品附加值和客户黏性。

总之，淀粉加工过程质量控制是一项系统工程，涉及原料采购、生产加工、产品检验、包装运输等多个环节。只有严格执行质量标准，完善质量管理制度，优化关键工艺参数，并强化过程监测和问题纠偏，才能从源头上保证淀粉及其衍生物产品的质量安全，满足日益严苛的市场需求。未来，随着淀粉工业的转型升级和智能化改造，在线质量检测、实时过程优化、智慧化质量管理等新理念、新技术必将在淀粉加工质量控制中得到广泛应用，为提升淀粉产品品质、增强企业市场竞争力提供有力支撑。

第二节　淀粉加工过程的在线检测技术

淀粉是自然界中广泛存在的一种碳水化合物，广泛应用于食品、医药、化工等领域。淀粉的加工过程是将淀粉从植物原料中提取出来，并通过一系列物理、化学、生物方法，将其转化为具有特定理化性质和功能特性的淀粉产品的过程。淀粉加工是一个复杂的、多阶段的连续过程，涉及淀粉的提取、纯化、改性、干燥等多个环节，每个环节的工艺参数如温度、pH 值、浓度、黏度等都会对最终产品的质量产生重要影响。

传统的淀粉加工过程监测主要采用离线检测的方式，即在生产过程中定期取样，然后将样品送至实验室进行分析测试。这种离线检测方法存在的不足：一是检测频率低，难以及时反映生产过程的实时状态变化；二是样品运输和制备耗时长，检测结果的时效性差；三是检测成本高，难以实现全程、全质量监控；四是检测数据与生产数据难以有效关联，不利于过程优化和产品质量控制。因此，传统的离线检测方法已经难以满足现代淀粉工业对过程监测的要求，急需发展在线检测技术，实现生产过程的实时监控和质量控制。

在线检测是指在生产过程中，利用传感器、仪器仪表等在线分析设备，对生产过程的关键参数进行连续、自动、实时的监测与分析，并根据测量结果及时调整工艺参数，从而实现生产过程的最优控制和产品质量的稳定控制。与离线检测相比，在线检测具有的优点：一是检测速度快，可实现生产过程的实时监控；二是无需人工取样和样品处理，避免了样品运输和制备过程引入的误差；三是检测数据与生产过程同步采集，便于实现过程数据的关联分析和质量控制；四是检测成本低，可实现全程无间断的过程监督。因此，在线检测技术在淀粉加工过程监测中具有广阔的应用前景。

近年来，随着传感技术、自动化技术、信息技术的快速发展，淀粉加工过程的在线检测技术取得了长足进步。

一、近红外光谱技术

近红外光谱技术是一种快速、无损、环境友好的过程分析技术。它利用物质分子中 X—H键（如 C—H、N—H、O—H 等）的伸缩振动和倍频振动在近红外区产生的吸收光谱，定性或定量分析物质的化学成分。在淀粉加工过程中，近红外光谱技术主要用于原料和产品品质的快速分析，如淀粉含量、水分、蛋白质含量等。

例如，在玉米淀粉加工中，可利用便携式近红外光谱仪对玉米原料进行快速筛选，以淀粉含量高、杂质少的优质玉米作为加工原料，从源头上保证淀粉品质。在浸泡环节，可利用在线近红外光谱仪实时监测浸泡液的浓度、pH 值、SO_2 含量等关键参数，优化浸泡工艺，提高浸泡效率。在成品环节，可采用近红外光谱法快速测定淀粉产品的水分、淀粉含量等关键质量指标，筛选优质产品，把控出厂质量。

值得注意的是，由于淀粉加工环境的复杂性，近红外光谱易受温度、湿度、振动等环境因素的影响，导致测量误差。因此，在实际应用中需要对近红外光谱仪进行定期校准，并结合多变量校正等数据处理方法，提高分析结果的准确性和可靠性。此外，还应加强近红外模型的应用维护，根据生产工况的变化不断更新和优化模型，确保其预测性能的稳定性。

二、过程黏度分析技术

黏度是淀粉糊液和淀粉乳的重要流变参数，直接反映了淀粉的水化、糊化、解聚等特性，是淀粉加工过程质量控制的重要监测指标。传统的淀粉黏度测定多采用旋转黏度计等离线检测设备，存在分析周期长、试样处理烦琐、结果滞后等不足，难以实现生产过程的实时监控。因此，急需发展在线黏度分析技术。

在线黏度分析技术主要包括在线旋转黏度计、在线毛细管黏度计等。其中，在线旋转黏度计主要用于淀粉乳、淀粉糊等低浓度体系的黏度表征。其测量原理与离线旋转黏度计类似，通过测定转子在试样中受到的扭矩，计算试样的黏度。在线旋转黏度计采用在线探头取样，可连续监测生产过程中淀粉乳、淀粉糊的黏度变化，及时发现和调控异常工况。例如，在淀粉乳分离过程中，若淀粉乳黏度超过预设范围，则可能预示着淀粉受损，需要调整磨浆工艺。

在线毛细管黏度计则主要用于淀粉膏、淀粉熟料等高浓度体系的流变性能表征。其测量原理是利用压力传感器测定恒定流率下试样通过细管时的压力损失，进而计算试样的表观黏度和剪切黏度。在线毛细管黏度计采用在线旁路取样，可实时监控淀粉糠脱水、淀粉成型等关键工序的物料黏度，优化加工工艺参数。例如，在淀粉湿法制粒过程中，通过在线毛细管黏度计监测造粒料液的黏度变化，可实时反映颗粒的生长状态，把控颗粒的粒度分布和球形度。

三、过程水分测定技术

水分含量是淀粉加工过程质量控制的另一个关键指标。淀粉原料的含水量直接影响浸泡和磨浆效果，淀粉乳的含水量影响沉降分离效率，淀粉湿粉饼的含水量影响干燥工艺，成品淀粉的含水量更关系到产品质量与货架期限。因此，在淀粉加工过程中实时测定物料含水量，对优化工艺控制、提高淀粉品质至关重要。

目前，在淀粉工业中应用较为广泛的在线水分测定技术主要包括微波水分测定仪、核磁共振水分测定仪等。微波水分仪的基本原理是利用水分子在微波频段的高损耗特性，通过测量微波在试样中的衰减或相位延迟，建立其与水分含量间的定量关系。微波法具有响应速度快、穿透性强等特点，适用于在线检测带壳原料、淀粉乳等不均质体系的水分。例如，利用微波水分仪在线检测淀粉乳的含水量，当其明显偏离目标值时，可通过补加水或调节浓缩倍数等措施实现在线调控，保证水分含量恒定。

核磁共振水分测定仪则利用水分子中氢原子在射频场中的核磁共振信号，定量测定试样的水分含量。由于淀粉分子中也含有大量氢原子，其核磁共振信号会对水分信号产生干扰。因此，在水分测定时，需采用特定的脉冲序列和回波时间，压制淀粉质子信号，提高水分信号的选择性和灵敏度。核磁共振水分仪具有测量精度高、重复性好的特点，但其价格高，一般只用于淀粉成品等关键工序的在线水分监测。例如，在淀粉干燥工序，通过在线核磁共振水分仪实时监控淀粉水分的变化趋势，优化干燥终点，既可防止淀粉过度干燥、黏度流失，又可避免水分超标。

四、机器视觉检测技术

机器视觉是利用计算机对生产过程中采集的图像信息进行处理和分析，提取反映产品或物料特性的关键参数，实现生产过程的在线检测与智能控制。近年来，机器视觉技术在淀粉加工在线质量检测中得到越来越广泛的应用，为提升淀粉加工的自动化、智能化水平发挥了重要作用。

例如，在淀粉原料质量检测环节，可利用彩色相机采集原料图像，通过图像分割算法提取每一颗粒的形态学参数（如大小、形状、色泽等），并与标准模板比对，快速筛选出夹杂、破损、发芽、霉变等不合格原料，从源头上保障淀粉品质。又如，在淀粉乳分离过程中，可在沉降罐上安装在线 CCD 相机，实时采集淀粉乳沉降过程的图像，通过对比度分析和动态阈值分割等算法，在线识别和跟踪淀粉-蛋白两相界面，实现最佳排液时机的自动判定，从而显著缩短分离周期，提高淀粉收率。

在淀粉成品外观品质检测方面，机器视觉技术也得到了成功应用。传统的目视检测依赖人工抽样和肉眼观察，存在检测效率低、主观性强等不足。采用机器视觉自动检测系统，可对淀粉产品的色泽、杂质斑点等外观指标进行客观量化评价，并根据评价结果自动分级、剔除，大幅提高检测准确度和效率。例如，淀粉干燥过程中，受热不均、局部过热等因素影响，产品颜色容易出现不均匀，严重影响其感官品质。利用视觉系统对淀粉产品表面的 L^*、a^*、b^* 等色彩参数进行实时采集和统计分析，建立颜色均匀度的定量评价模型，并结合专家知识库，判定产品质量等级，指导优化干燥工艺参数。

值得一提的是，随着人工智能技术的飞速发展，深度学习在机器视觉中的应用日益广泛。将卷积神经网络等深度学习模型与机器视觉相结合，可大幅提升缺陷检测、目标识别、品质分级等任务的性能。例如，传统的基于灰度、纹理等浅层特征的杂质识别算法，在杂质形态多样、背景复杂时容易出现误检或漏检。而采用深度学习方法，通过端到端的特征学习，可自动提取更高层、更具判别力的杂质特征，从而显著提高检出率，降低误报率。可以预见，伴随着工业大数据和人工智能技术的进步，机器视觉技术必将在淀粉加工在线质量检测中发挥越来越重要的作用。

五、电子舌/鼻技术

淀粉作为重要的食品配料，其感官品质如气味、口感等也是产品质量评价的重要指标。传统的淀粉感官品质检测主要采用人工品评的方式，存在评价主观性强、可重复性差等不足。近年来，电子舌/鼻技术作为模拟人体感官的新型传感技术，为淀粉感官品质的客观化、数字化评价提供了新思路。

电子舌是一种由多传感器阵列和模式识别单元组成的味觉分析系统。通过交叉灵敏的传感器阵列与被测液体相互作用，获得液体的多维味觉指纹图谱，再通过模式识别方法（如主成分分析、判别分析、人工神经网络等）对指纹图谱进行定性或定量分析，即可实现对液体味道的客观表征。将电子舌引入淀粉加工过程分析，可实时监测淀粉乳、淀粉糊等液态物料的味道变化，及时发现和诊断淀粉老化、酶促反应异常等工艺问题。例如，利用电子舌对淀粉水解过程的糖化液进行动态监测，通过多元校正建立电子舌响应值与麦芽糖浓度间的定量关系，即可实现水解终点的在线判定和优化控制，保证产品品质的稳定性。

电子鼻则是一种气味分析系统，由气敏传感器阵列和模式识别单元组成。当待测气体进入传感器阵列时，各传感器根据其对不同挥发性成分的敏感特性，产生一系列响应信号，形成气体的特征指纹图谱。通过模式识别算法分析该指纹图谱，即可对气体的气味特征进行定性、定量表征。在淀粉加工过程质量控制中，可利用电子鼻对不同批次、不同品质的淀粉产品进行气味表征，建立气味特征与感官评分间的相关模型，实现产品感官品质的快速预测和分级，替代烦琐的人工品评。此外，电子鼻还可用于淀粉原料、中间品的气味检测，及时筛查霉变、酸败等质量缺陷。

需要指出的是，食品体系的味觉、嗅觉感知过程错综复杂，电子舌/鼻技术的应用尚面临选择性、灵敏度、稳定性等诸多挑战。因此，在实际应用中，需要针对淀粉产品的感官特性，优选传感器材料和阵列构型，并采用数据融合、迁移学习等先进模式识别方法，提高电子舌/鼻分析的准确性和可靠性。此外，加强电子舌/鼻器件的集成化、微型化，发展适用于淀粉加工现场的在线分析系统，也是一个值得关注的研究方向。

尽管淀粉加工过程的在线检测技术不断发展，但目前仍存在一些问题和挑战。一是在线检测装置的稳定性和可靠性有待提高，淀粉加工环境普遍存在高温、高压、高湿、强腐蚀性等恶劣因素，容易导致检测装置失灵或测量误差增大；二是在线检测数据的质量和代表性不够理想，由于淀粉体系的不均一性和动态变化特性，在线采样和数据采集容易引入噪声和干扰；三是在线检测数据缺乏深度挖掘和融合分析，大多仅用于单一参数的监控或质量预报，难以实现生产过程的全局优化；四是在线检测装置的成本较高，推广应用难度大，尤其是中小型淀粉企业受经费所限，难以配置先进的在线检测设施。

针对上述问题，今后淀粉加工过程在线检测技术的研究重点主要包括以下几个方面：

(1) 开发智能化、集成化的在线检测装备。应加强在线检测装置的结构设计和材料选择，提高其适应恶劣工况的能力，如采用耐高温、耐腐蚀的特种材料制造传感器部件，简化检测单元的结构，减少检测环节的暴露面积等。同时，发展多参数、多通道的集成化检测装置，实现生产过程的多维度立体监控。

(2) 优化数据采集和分析方法。在数据采集方面，应优化在线采样策略，确保样品的代表性和连续性，如采用多点采样、定时采样等方式，提高数据的统计性和可靠性。在数据分析方面，应加强多元数据的融合建模，提取在线检测数据与质量参数之间的内在关联，建立实时质量预测模型。同时，应进一步优化数据挖掘算法，实现生产过程的故障诊断、参数寻优等功能。

(3) 构建在线检测大数据平台。整合不同生产线、不同批次的在线检测数据，构建淀粉加工过程的大数据平台，为质量分析、工艺优化提供数据支撑。应用大数据分析、机器学习等技术，挖掘历史数据中的关联规律和演化规律，实现生产过程的趋势预测和动态优化，最终实现淀粉加工的智能化生产。

(4) 开展在线检测标准和规范的制定。加强在线检测技术的标准化研究，建立统一的、科学的、可操作的在线检测规范，规范检测装置的性能参数、检测方法、结果分析等，为在线检测结果的准确性、可比性提供保证。同时，应加强不同企业、不同地区间在线检测数据的交流共享，建立行业性的在线检测数据库，为淀粉产业的技术进步和产品升级提供数据资源。

总之，淀粉加工过程在线检测技术是保证淀粉产品质量稳定、提高生产效率的关键技术，对于淀粉产业的健康发展具有重要意义。随着信息技术、自动化技术的不断进步，淀粉加工过程的智能化、数字化水平将不断提高，在线检测技术也必将得到进一步完善和广泛应用。我国作为淀粉生产和消费大国，应加强在线检测技术的基础研究和应用开发，突破关键核心技术，掌握自主知识产权，抢占淀粉加工技术的制高点，推动淀粉产业的转型升级和可持续发展。

综上所述，淀粉加工过程在线检测技术是实现淀粉加工过程实时监控、质量控制、产品优化的重要手段。近年来，以近红外光谱、在线黏度计、机器视觉、电子舌/鼻等为代表的在线分析技术在淀粉加工过程中得到越来越广泛的应用，极大提升了淀粉加工的智能化水平和产品品质，为淀粉产业的转型升级做出了重要贡献。未来，随着工业大数据、人工智能等新一代信息技术与传统制造业的深度融合，智能传感、在线分析、实时优化、智慧决策将成为淀粉加工过程质量控制的新模式。通过构建淀粉加工全流程在线检测网络，结合工艺机理模型和知识库，形成多传感信息融合的智能感知系统，并与自动控制系统实现无缝集成，必将推动淀粉工业实现智能制造和跨越式发展，为保障淀粉产品的质量安全、提升行业整体效益水平做出更大贡献。

第三节　淀粉产品的质量评价标准

淀粉产品作为重要的工业原料和战略物资，其质量的优劣直接关系到下游产业的产品品质和生产效益。建立科学、规范的淀粉质量评价标准体系，对于淀粉产品的质量控制、贸易流通、应用开发至关重要。本节将重点介绍我国淀粉产品质量标准的现状与发展，并对不同淀粉产品的关键质量指标及其评定方法进行系统阐述。

一、我国淀粉产品质量标准体系

我国淀粉标准化工作始于20世纪50年代，至今已逾半个世纪。特别是近20年来，随着淀粉工业的快速发展，淀粉标准化工作进入了一个新的发展阶段，标准体系日臻完善，标准水平不断提高，在规范淀粉产品质量、促进淀粉贸易流通等方面发挥了重要作用。

目前，我国淀粉产品标准体系主要由国家标准、行业标准、地方标准和企业标准构成，涵盖了淀粉原料、通用淀粉、变性淀粉等各类淀粉产品。其中，国家标准由国家标准化管理委员会批准发布，在全国范围内强制执行，代表了我国淀粉标准化的最高水平。截至目前，我国已发布淀粉类国家标准50余项，主要包括GB/T 8885—2008《食用玉米淀粉》、GB/T 15683—2008《大米直链淀粉含量的测定》、GB/T 20880—2018《食用葡萄糖》、GB/T 20881—2007《低聚异麦芽糖》、GB 31637—2016《食品安全国家标准 食用辐照淀粉》等，基本覆盖了淀粉产品的感官、理化、卫生、包装等各项质量指标及其检验方法。

相比国标，行业标准和地方标准在技术指标上更为具体和针对性，是对国标的进一步细化和补充。我国现行的淀粉行业标准主要有QB/T 2585—2003《糯米淀粉》、QB/T 4335—2012《马铃薯生粉》、QB/T 4623—2013《木薯淀粉》、LS/T 3206—2016《桐油橡胶用木薯变性淀粉》等。这些行标立足于不同淀粉品种的生产应用特点，规定了更为严格的质量分级和检验要求。各淀粉主产区也相继出台了一批具有地方特色的淀粉产品标准，如DB13/T 951—2005《河北省 玉米淀粉》、DB23/T 1025—2012《黑龙江省 马铃薯淀粉》等，在促进当地淀粉产业升级，打造区域公用品牌等方面发挥了积极作用。

企业标准是企业根据生产实际和下游客户需求，自行制定的产品技术标准，是企业开展质量管理和过程控制的重要依据。企业标准一般要严于国家标准和行业标准，具有更强的针对性和灵活性。许多淀粉龙头企业高度重视企业标准化工作，建立了完善的企标体系，如吉林德大生化集团的《粮食酿造专用淀粉》、山东泰丰生物科技公司的《造纸级羟丙基淀粉醚》等，极大地提升了企业的产品品质和市场竞争力。

值得一提的是，为适应国际贸易发展需要，近年来我国还加快了淀粉标准的国际化进程，先后转化采用了ISO 3188《淀粉 总灰分含量的测定》、ISO 6647《淀粉 碘结合能力的测定》、ISO 3593《淀粉 电流滴定法测定磷的含量》等多项ISO标准，参与了ISO/TC 93淀粉技术委员会标准修订工作，并被推选为ISO/TC 93秘书处。这标志着我国淀粉标准化工作正逐步朝国际化、规范化方向迈进。

二、淀粉产品的感官质量评价

感官质量是淀粉产品质量评价的首要指标，直接影响淀粉产品的商品价值和使用性能。淀粉的感官质量主要包括色泽、气味、状态等项目。GB/T 24894—2010《淀粉要求及试验方法》对淀粉产品的感官质量及其评定方法作了详细规定。

淀粉色泽是评价淀粉精制程度和外观品质的重要指标。优质淀粉应呈纯白色或乳白色，无明显杂色斑点。淀粉色泽检验一般采用目视法和比色法。目视法是在规定光源下，用肉眼直接观察淀粉样品的色泽均匀性，并与色标对比评定色泽级别。比色法则是用白度仪等色差仪器测定淀粉的 L^*、a^*、b^* 色度值，计算白度指数，定量评价淀粉色泽。根据白度指数，淀粉色泽可划分为一级（≥95）、二级（90～95）、三级（85～90）、等外（<85）四个等级。

淀粉的气味也是评判其感官品质的重要依据。优质淀粉应具有固有的淡雅气味，无霉味、酸味和其他异味。气味检验通常采用嗅味法，即取适量淀粉置于50 mL烧杯中，于60 ℃恒温水浴中加热，鼻贴近杯口，用力吸入，仔细辨别气味。

除色泽和气味外，淀粉的状态如松散程度、团聚程度也是重要的感官质量指标。优质淀粉应松散均匀，无硬块、团聚现象。状态检验可采用目测和筛分的方法。目测法是在白瓷板上取少量淀粉，用肉眼观察其松散均匀性，并用手指轻压，感受其疏松程度。筛分法是用一套标准试验筛，在规定条件下对淀粉样品进行筛分，称量各筛上淀粉的质量分数，计算均匀度系数，评判淀粉的松散程度和团聚程度。

三、淀粉产品的理化质量评价

理化质量是淀粉产品应用性能的重要体现，也是交易定价的重要依据。淀粉的理化质量指标主要包括水分、淀粉含量、pH 值、灰分、黏度、溶解性、膨胀力等。不同种类、不同等级淀粉产品的理化指标要求有所不同，但基本检验方法大致相同。

水分含量是淀粉产品最重要的理化质量指标之一。

淀粉水分过高会导致霉变、结块等品质劣变，甚至引发爆炸等安全事故；水分过低则会造成淀粉粉尘污染，影响车间环境和员工健康。优质食用淀粉的水分含量一般应不高于14%。淀粉水分的测定主要采用烘干减量法，即在 105℃条件下烘干淀粉样品至恒重，计算烘干前后质量差，得出水分含量。该方法操作简便，重现性好，是淀粉水分检验的通用方法。

淀粉含量（或纯度）也是衡量淀粉品质的核心理化指标。淀粉含量直接反映了淀粉的提取率和精制效果，与淀粉的黏度、溶解性等应用性能密切相关。优质玉米淀粉、小麦淀粉的淀粉含量一般应在 98%以上。淀粉含量的测定主要采用指示剂滴定法（碘量法），基本原理是利用淀粉与碘生成蓝色碘淀粉络合物的显色反应，测定样品消耗碘液的体积，计算淀粉含量。该方法简便快速，结果直观，适合淀粉生产的日常检验和质量控制。不过该法容易受淀粉老化程度、直/支链比例等因素的干扰，导致结果偏差。因此，在淀粉产品的仲裁检验中，通常改用葡萄糖氧化酶-过氧化物酶（GOD－POD）法等酶法测定淀粉含量，以保证结果的准确可靠。

淀粉的 pH 值是评价其酸碱度的重要指标。天然淀粉的 pH 值一般为 4.0～7.0，过高或过低的 pH 值往往提示淀粉加工工艺控制不当，如浸泡发酵过度、中和不彻底等，可能引起淀粉品质和应用性能的劣变。此外，过高的 pH 值还可能预示淀粉受到微生物污染变质。淀粉 pH 值的测定主要采用电位法，即用 pH 值检测仪直接测定 10%淀粉悬浮液的pH 值。该方法快速、准确，可实现淀粉酸碱度的在线检测和自动控制。

灰分是评价淀粉杂质含量和精制程度的重要理化指标。淀粉灰分主要来源于加工过程中混入的无机盐杂质，优质食用级淀粉的灰分含量一般应不高于 0.2%。灰分含量过高，一方面降低了淀粉的纯度，影响淀粉的感官和应用品质；另一方面可能预示某些有毒重金属元素含量超标，存在食品安全隐患。淀粉灰分含量的测定主要采用 550℃灼烧法，即在马弗炉中于 550℃灼烧淀粉样品 2 h，称量灼烧前后质量差，计算灰分含量。该方法测定准确，重现性好，是淀粉灰分检验的通用方法。

淀粉的黏度是评价其糊化特性和应用性能的关键理化指标。淀粉糊液的黏度主要取决于淀粉的类型、直/支链比例、晶体结构、颗粒大小、磷酸酯含量等因素。不同用途的淀粉对黏度的要求差异较大，例如，造纸级淀粉一般要求高黏度，而医用输液级淀粉要求低黏度。淀粉黏度的测定主要采用旋转黏度法和快速黏度分析法。旋转黏度法是在恒温（通常为25℃）条件下，用旋转黏度计测定6%淀粉悬浮液在不同转速下的稳态黏度，评价淀粉的流变性能。RVA法是在恒定剪切速率下，测定淀粉悬浮液在升温、恒温、降温过程中黏度随时间的变化曲线，评价淀粉的糊化温度、糊化黏度、耐热稳定性、老化特性等。与旋转黏度法相比，RVA法能更全面反映淀粉的黏度特性，是淀粉应用研究和质量控制的首选方法。

溶解性是评价淀粉冷水溶解性能的重要指标，与淀粉颗粒的完整性、表面性质、无定形区含量等密切相关。一般而言，溶解性高的淀粉分散性好，易溶于冷水，更适合无需加热的食品体系；而溶解性低的淀粉分散性差，需在加热条件下才能充分溶胀糊化。淀粉溶解性的测定主要采用冷水溶解指数法，即在25 ℃下，将1 g淀粉分散于50 mL蒸馏水中，搅拌30 min后，4000 r/min离心15 min，称量上清液蒸干的固形物质量，计算冷水溶解指数。该指数越高，表明淀粉的冷水溶解性越好。

膨胀力是评价淀粉吸水溶胀能力的重要指标，直接影响淀粉的糊化性能和体系保水性。膨胀力高的淀粉吸水性强，更易溶胀糊化，并能提高体系的持水性和稳定性；而膨胀力低的淀粉则需要更高的糊化温度和更长的加热时间。淀粉的膨胀力主要采用膨胀力指数法测定，即在95℃水浴中加热40 min，使淀粉充分糊化，然后于3000 r/min离心15 min，称量淀粉糊的质量，并计算其与淀粉干重的比值，得出膨胀力指数。该指数越高，说明淀粉的吸水溶胀能力越强。

四、淀粉产品的卫生质量评价

卫生质量是淀粉产品能否安全使用的首要前提。淀粉作为重要的食品配料，其卫生质量直接关系到消费者的身体健康。淀粉的卫生质量主要包括微生物指标、重金属及有害元素指标、农药残留指标、真菌毒素指标等。其中，微生物指标如菌落总数、大肠菌群、致病菌等反映了淀粉在生产加工中受微生物污染的情况，与淀粉的储藏稳定性和食用安全性密切相关。重金属及有害元素指标如铅、汞、砷等反映了淀粉在种植、收获、加工等环节受到的污染风险。农药残留指标和真菌毒素指标则主要反映淀粉原料的农残污染和霉变程度。

淀粉产品的卫生质量检验主要采用食品微生物检验国家标准方法检验。其中，菌落总数的测定采用平板计数法，大肠菌群的测定采用最大似然数（MPN）法，致病菌的测定采用定性和定量结合的方法。重金属元素铅、汞、砷等采用原子吸收光谱法、原子荧光光谱法、电感耦合等离子体发射光谱法等测定。农药残留采用高灵敏度、高选择性的检测方法。这些方法操作相对复杂，对检测人员的专业技能和实验环境要求较高，因此淀粉产品的卫生质量检验一般由第三方检测机构承担。

需要指出的是，淀粉原料的卫生质量管理是确保淀粉产品安全的关键环节。加强农田土壤、灌溉水质的监测，控制农药、化肥等投入品的使用，是从源头上保障淀粉原料品质安全的有效措施。在淀粉加工环节，应严格按照食品安全管理体系的要求，从车间设施、设备工艺、人员操作、环境卫生等方面加强过程控制，最大限度降低微生物、重金属等有害物质的污染风险。在淀粉储运环节，应结合淀粉的吸湿性、污染敏感性等特点，合理选择包装材料和运输工具，做好防潮、防霉、防污染等措施，并定期开展淀粉产品质量检验和安全排查，严把质量安全关。

淀粉产品质量标准是淀粉生产、流通、应用的重要技术依据和法律保障。建立健全、科学规范的淀粉质量标准体系，可为淀粉产业的升级发展提供有力支撑。一方面，有助于规范淀粉生产加工行为，提高产品质量的一致性和稳定性，增强我国淀粉产品在国际市场的竞争力；另一方面，有助于加强淀粉质量安全监管，维护消费者合法权益，促进淀粉产业的健康可持续发展。

目前，我国淀粉标准体系已粗具规模，基本涵盖了淀粉原料、通用淀粉、变性淀粉等不同种类的淀粉产品，但在标准的系统性、协调性、国际等效性等方面还有待进一步提升。未来，应立足淀粉产业发展实际，加快淀粉标准的立项、修订和创新，建立涵盖原料、生产、产品、应用全过程的标准体系；加强不同淀粉品种质量标准间的衔接配套，避免交叉重复和标准真空；积极参与淀粉国际标准化活动，加快国际先进标准的转化吸收，提高我国淀粉标准的国际话语权。此外，还应大力推进标准信息化建设，建立淀粉标准信息共享平台，实现标准信息的互联互通和动态更新，为淀粉生产企业、贸易商、监管部门等提供及时、准确、便捷的标准信息服务，进一步提高淀粉产品质量标准的有效实施。

质量是淀粉产业发展的生命线，只有不断完善淀粉质量标准体系，强化标准在生产、贸易、监管等环节的有效运用，才能更好地发挥质量标准在提升淀粉品质、促进淀粉消费、引领淀粉创新等方面的基础性、战略性作用，推动淀粉产业迈向质量时代。相信通过产学研用各界的共同努力，我国的淀粉产品质量标准化事业必将迎来更加美好的明天，为淀粉产业高质量发展和国民经济高质量发展做出新的更大贡献。

参考文献

[1] 李涛,赵爱武.改性淀粉的研究进展[J].中国淀粉糖工业,2021,43(5):1—10.

[2] 王佳佳,张瑾,马海乐,等.复配改性淀粉在面制品中的应用研究进展[J].粮食与油脂,2020,33(12):6—12.

[3] 刘畅,李宝库,彭勃,等.改性淀粉对肉制品品质的影响[J].食品工业科技,2019,40(21):358—364.

[4] 胡小玲,王恒,李雪莲,等.改性淀粉在乳制品中的应用研究进展[J].食品与发酵工业,2018,44(12):271—278.

[5] 于潇,徐波,邱伟,等.改性淀粉在药物递送系统中的应用研究进展[J].淀粉科学与技术学报,2021,28(2):18—26.

[6] 李勇,王鹏,张华,等.改性淀粉水凝胶在创面修复中的应用[J].功能材料,2020,51(5):5059—5066.

[7] 梁霄,张勇,刘洋,等.改性淀粉在骨组织工程支架中的应用研究进展[J].高分子材料科学与工程,2019,35(9):33—40.

[8] 吴凤鸣,薛晓光,周巧英,等.改性淀粉在纺织印染中的应用研究进展[J].印染助剂,2020,37(5):1—8.

[9] 邢茹茹,董炜焱,刘佳,等.改性淀粉驱油剂的研究进展[J].应用化工,2021,50(4):1187—1192.

[10]闫师杰,邢震,刘金福.我国食品质量安全可追溯系统建设现状及分析 [C].第二届国际食品安全高峰论坛论文集,2009:71—74.

[11]LUTTERS D, KALS H J J. Information management in process planning[C]. Annals of the CIRP, Osaka,1997:166—167.

[12]SMITH G C ,TATUM J D,GRANDIN T, et al . Traceability from a US perspective [J]. Meat Science. 2005:174—193.

[13]高杨.建立农产品可追溯系统支持农产品出口[J].山东省农业管理干部 学院学报,2009,25(4):2.

[14]ARANA A,SORET B, LASSA I,et al. Meat traceability using DNA markers: Application to the beef industry [J]. Meat Science,2002,61(4): 367—373.

[15] 中华人民共和国国家质量监督检验检疫总局.进出口动物源性食品中乌洛托品残留量的检测方法 液相色谱—质谱/质谱法:SN/T2226—2008[S].北 京:中国标准出版

社,2009.

[16] HUANG Guochun. Determination of the urotropine content in dry beancurd stick by gas chromaography[J]. Gunangxi Journal of Light Industry, 2008, 6(6): 26－27.

[17] 陈少鸿,刘在美,朱晓艳. 变色酸分光光度测定塑料中甲醛和六亚甲基四胺在食品模拟物中的迁移量的改进方法[J]. 食品科技,2009,30(4): 259－261.

[18] CHEN Fangping, CHEN Jinshen, SUN Baoshuai, et al. New method o n meas surring the content urotropine by electrolutícion electrode meth od[J]. Journal of Zhengzhou polythnic Institute, 2001, 17(4): 21－22.

[19] 李莉,张钢平. 高效液相色谱法测定乌洛托品片的含量[J]. 中国医院药学杂志,2009(4):335.

[20] 冼燕萍,陈立伟,罗东辉. UPLC-MS/MS 测定腐竹和米粉中的乌洛托品 [J]. 江南大学学报(自然科学版),2012(2):78－82.

[21] 唐玉龙,郭周义. 激光拉曼光谱技术在生物分子 DNA 研究中的应用和进展[J]. 激光生物学报,2004,13(5):386－393.

[22] 刘春伟,仲雪,马宁. 激光拉曼光谱法快速测定腐竹中的微量乌洛托品 [J]. 食品安全质量检测学报,2012(8):306－308.

后　记

淀粉是自然界中广泛存在的一种碳水化合物，是植物体内储藏能量和营养的主要形式之一。淀粉的主要来源包括玉米、小麦、马铃薯、木薯等，通过提取、精制等工艺加工而成。淀粉产品作为重要的工业原料和食品添加剂，在纺织、造纸、食品、医药等行业有着广泛的应用。

近年来，随着淀粉产业的不断发展和消费需求的日益多元化，淀粉产品的品种日益丰富，质量要求也越来越高。如何生产出优质、安全、稳定的淀粉产品，既是淀粉企业面临的重要课题，也是淀粉产业可持续发展的关键所在。本书基于对淀粉加工与检测技术的系统研究，重点围绕提升淀粉产品质量、完善淀粉标准体系等核心议题，对相关问题及对策进行探讨。

一、淀粉加工技术概述

淀粉的加工流程通常包括原料预处理、淀粉提取、淀粉精制、淀粉干燥等环节。不同的加工工艺和参数设置，会直接影响淀粉产品的品质。传统的淀粉加工多采用物理法提取，存在能耗高、污染大等问题。近年来，生物酶解法、超声波萃取法、微波辅助萃取法等新型加工工艺不断涌现，在降低能耗、提高淀粉品质等方面表现出明显优势。例如，酶解法利用淀粉酶将淀粉大分子水解为小分子糖类，可提高淀粉的纯度和溶解性；超声波萃取利用超声空化效应，可有效破碎淀粉颗粒，缩短提取时间；微波辅助萃取利用微波的选择性加热和非热效应，可显著提高淀粉的提取效率。

在淀粉精制阶段，通过洗涤、离心、过滤等操作去除杂质和水分，是提高淀粉纯度的关键步骤。传统的精制工艺存在淀粉损失大、杂质去除不彻底等问题。目前，一些新型的精制技术如膜分离技术、静电分离技术等得到应用。其中，膜分离技术利用分子筛效应，可高效分离淀粉和杂质；静电分离技术利用淀粉颗粒表面的静电性质差异，可实现淀粉与蛋白质等杂质的高效分离。淀粉干燥是加工过程的最后一道工序，常用的干燥方式有热风干燥、喷雾干燥、真空冷冻干燥等。不同的干燥方式对淀粉产品的色泽、水分、团聚性等品质指标有着重要影响。热风干燥操作简单，但容易造成淀粉老化；喷雾干燥具有干燥速度快、操作连续等特点，但能耗较高；真空冷冻干燥可最大程度保持淀粉的原始特性，但成本较高。

总的来看，淀粉加工技术是一个涉及多学科交叉的复杂系统，选择合适的加工工艺路线，优化各工艺环节的操作参数，对于改善淀粉品质、提高生产效率至关重要。未来，淀粉加工技术的发展方向应着眼于节能减排、清洁生产、智能制造等方面，通过新型加工工艺的研发应用，不断提升淀粉产品的技术含量和附加值。

二、淀粉检测技术进展

科学完善的检测手段是淀粉质量控制的重要保障。传统的淀粉检测主要采用化学分析法，如碘量法测定直链淀粉含量，盐酸一碘量法测定支链淀粉含量等，操作烦琐费时，难以满足快速检测的需求。近年来，随着现代分析技术的发展，淀粉检测领域不断涌现出新的检测方法和技术，极大地提高了淀粉品质评价的效率和准确性。

近红外光谱法是一种快速、无损、环保的检测技术，通过分析淀粉样品的近红外光谱吸收特征，建立淀粉品质参数与光谱数据之间的定量关系，可实现淀粉水分、淀粉含量、蛋白质含量、脂肪含量等指标的快速测定，在淀粉原料质量把控、生产过程监测等方面具有广阔的应用前景。

X 射线衍射技术可用于分析淀粉的晶体结构特征。不同植物来源、不同加工工艺的淀粉在晶型、结晶度等方面存在显著差异，与其理化特性和应用性能密切相关。通过 X 射线衍射图谱分析淀粉的结构信息，可为淀粉的分子设计和品质改良提供重要依据。

热分析技术如差示扫描量热(DSC)法、热重分析(TGA)法等，可用于表征淀粉的热稳定性、老化特性、相变行为等，为优化淀粉加工工艺、改善淀粉储藏品质提供参考。

此外，扫描电镜(SEM)、透射电镜(TEM)、原子力显微镜(AFM)等显微分析技术，可直观地观察淀粉颗粒的微观形貌特征，分析其与淀粉的加工性能和应用性能之间的关系。

淀粉作为天然高分子材料，其分子结构和聚集态结构的表征分析也是淀粉检测的重要内容。随着分析检测技术的日新月异，淀粉检测手段不断推陈出新，多种技术的联用集成日益成为趋势，极大地促进了淀粉品质分析与控制水平的提升。但不可否认的是，新型淀粉检测技术的推广应用还面临着一些挑战，如检测设备昂贵、人才匮乏、标准缺失等。未来，应加强淀粉检测技术的基础研究，建立健全淀粉检测标准体系，完善淀粉检测技术人才培养机制，促进先进检测技术在淀粉生产、流通、应用等环节的有效运用，为提升淀粉产业的质量安全保障水平提供坚实支撑。

三、淀粉产品质量标准体系建设

标准是淀粉产业健康有序发展的重要保障，建立系统、规范、国际化的淀粉质量标准体系，对于规范淀粉产品生产流通行为、保障淀粉产品质量安全、维护消费者合法权益具有重要意义。

近年来,我国高度重视淀粉标准化工作,淀粉产品标准体系建设取得积极进展。目前,已发布实施了一批淀粉国家标准、行业标准,涵盖了淀粉原料、通用淀粉、变性淀粉等不同品类,对淀粉产品的感官、理化指标、卫生指标等做出了明确规定。但与发达国家相比,我国淀粉标准在数量、质量、层次等方面还有一定差距,标准覆盖范围、技术指标缺乏系统性、国际化程度有待进一步提高。

未来,淀粉标准化工作应着眼于产业发展需求和国际标准接轨,进一步拓宽标准覆盖领域,加快制定淀粉原料标准、淀粉加工过程控制标准、淀粉应用技术标准等,建立起覆盖原料、加工、产品、应用等全产业链的标准体系。要注重标准的科学性与先进性,充分吸收国际标准先进内容,提升标准技术水平。鼓励企业、科研机构、行业协会等积极参与国际标准化活动,提高我国淀粉标准的国际话语权。

在标准制定实施过程中,要坚持开放合作、协同创新理念,搭建产学研用协同平台,充分调动各利益相关方的积极性,形成标准共建共享机制。鼓励龙头骨干企业发挥示范引领作用,通过标准化良好行为企业评定,以标准化倒逼产业转型升级。建立健全标准实施信息反馈和评估改进机制,加强标准宣贯培训和监督检查,提高标准执行力。加快标准信息化建设进程,建立淀粉标准信息服务平台,为企业提供全过程、精准化的标准信息服务,提升标准供给质量和应用效率。

总之,完善的淀粉质量标准体系是保障淀粉产业高质量发展的重要基石,需要产学研用各界的协同努力。在品种、质量、标准、品牌等要素驱动下,不断提升淀粉标准的系统性、协调性、国际化水平,为推动淀粉产业转型升级、加快向价值链高端迈进提供有力支撑。

四、总结与展望

淀粉产业是关系国计民生的重要产业,其健康持续发展离不开先进适用的加工技术、科学规范的检测手段、完善周延的质量标准。围绕淀粉加工与检测技术、质量标准体系建设等方面进行了系统阐述,可以得出以下结论:

(1)淀粉加工技术是提升淀粉品质的关键所在,应立足清洁、高效、智能的发展方向,加速淀粉酶解、膜分离、微波萃取等新型加工技术的研发应用,推动传统加工方式的节能减排和绿色升级,提高淀粉产品的技术含量和附加值。

(2)现代分析检测技术的进步极大地提升了淀粉品质分析与控制水平,应加强近红外光谱、X射线衍射、热分析、显微分析等新型检测技术在淀粉领域的应用基础研究,建立健全适用于淀粉产业的检测标准规范,完善检测技术人才培养机制,促进先进检测技术在淀粉生产、流通、应用等环节的推广应用。

(3)建立系统、规范、国际化的淀粉质量标准体系,是引领淀粉产业迈向质量时代的必由之路。要加快构建覆盖原料、加工、产品、应用全产业链的标准体系，提升标准的系统性、协调性和国际化水平。坚持开放合作、协同创新，充分发挥产学研用各方合力，加强标准实施信息反馈和评估改进，建立标准信息化服务平台，提高标准实施效能。

展望未来，淀粉产业发展的时代主题将是创新驱动、质量为先、绿色发展。这就要求我们必须依靠科技进步，加快淀粉加工、检测、应用等领域的技术创新步伐，加速科技成果转化应用；要树立质量强国战略，完善淀粉质量标准体系，优化质量提升机制，塑造淀粉领域质量品牌；要践行绿色发展理念，研发推广绿色加工工艺，发展淀粉基生物降解材料，推动淀粉产业的减污降碳和循环利用。

可以预见，在创新引领、质量为本的发展路径指引下，淀粉产业必将迎来更加广阔的发展空间。淀粉领域的科技工作者要立足国家战略需求，加强协同攻关，在关键核心技术领域取得新的重大突破；淀粉生产企业要发挥主体作用，加大科技投入，加速新技术、新工艺、新设备的应用转化，提升产品品质；淀粉行业组织要发挥桥梁纽带作用，积极开展标准制定修订，加强质量品牌建设，营造公平竞争的市场环境。相信通过社会各界的共同努力，我国的淀粉产业必将在“十四五”时期乃至更长时期内保持健康持续发展，为保障国家粮食安全、促进农业提质增效、服务制造业高质量发展做出新的更大贡献。

具体而言，未来一个时期淀粉产业高质量发展的重点举措建议如下：

(1)健全完善淀粉标准体系。加快淀粉领域基础通用标准、关键技术标准、产品质量标准的立项制定修订步伐，建立原料标准、生产过程控制标准、检测方法标准、产品标准、应用技术标准等配套衔接的标准体系。积极开展国际标准的跟踪评估和转化，推动国内标准与国际标准接轨。

(2)加强淀粉科技创新。以淀粉绿色加工、功能改性、精深加工为重点，加大产学研用协作力度，突破淀粉加工与应用领域的技术瓶颈。支持淀粉骨干企业建设创新平台，引导高校、科研院所开展淀粉领域关键共性技术研究，培育高水平创新人才队伍。推进“生物淀粉”“功能糖”“可降解材料”等前沿新兴领域的技术创新。

(3)提升淀粉质量安全水平。严把原料质量关，建立分等分级、优质优价的淀粉原料质量标准体系。强化生产加工过程的质量控制，推动 HACCP、ISO9000 等先进质量管理体系在淀粉企业的应用。加强产品质量安全监管，完善淀粉质量安全追溯体系，健全质量安全预警和快速反应机制。

(4)打造淀粉领域知名品牌。鼓励龙头骨干企业发展“生产基地＋中央工厂＋品牌营销”的产业化经营模式，打造具有市场竞争力的区域公用品牌、企业品牌和产品品牌。加大品牌宣传推广力度，讲好中国淀粉品牌故事。积极参与或主导国际品牌竞争，提高我国淀粉产品的国际影响力。

(5)大力发展淀粉精深加工。拓宽淀粉产品应用领域，发展口感优良、营养丰富的淀粉基健康食品。大力发展生物基淀粉材料，推广可降解地膜等环保产品。鼓励发展淀粉医药载体、缓释剂等生物医用产品。加快发展高吸水性树脂、胶黏剂等精细化工产品。构建多元化的淀粉加工利用格局。

(6)促进淀粉产业绿色发展。推广应用节水、节能、减排等绿色加工技术，构建资源节约型、环境友好型淀粉加工体系。积极发展淀粉循环经济，建立淀粉加工副产物和废弃物的高值化利用网络。开展淀粉加工与养殖业、种植业的循环利用，促进农业绿色发展。发展生物基可降解塑料等绿色环保材料，助力实现“双碳”目标。

(7)加强淀粉产业国际合作。借助“一带一路”倡议，拓宽淀粉原料进口来源和产品出口市场。积极引进国际淀粉加工先进技术和装备。鼓励淀粉企业“走出去”，在境外建设原料供应基地、加工生产基地。加强与国际淀粉行业组织的交流互鉴，提高我国淀粉产业参与全球治理的能力。

面向“十四五”乃至更长一个时期，做大做强我国淀粉产业，需要产业链各方共同发力，在标准引领、创新驱动、质量提升、品牌培育、绿色发展等方面持续用力，不断开创淀粉产业高质量发展的新局面，助力粮食产业强国建设，为实现第二个百年奋斗目标贡献淀粉产业力量。

当然，受限于作者的知识视野和淀粉领域发展的不断动态更新，本书的观点难免有疏漏偏颇之处。淀粉产业高质量发展是一个复杂的系统工程，还有很多问题有待进一步研究探索。真诚地希望业内外专家学者、企业精英等各界人士能够继续为淀粉产业发展献计献策，携手推动我国淀粉产业迈向更加美好的明天。